COMPTE-RENDU

DE

L'EXPOSITION

GÉNÉRALE

DES

PRODUITS AGRICOLES, INDUSTRIELS ET ARTISTIQUES

DE LA CORSE.

Du 10 au 16 Mai 1865

A AJACCIO.

❧

BASTIA,

DE L'IMPRIMERIE FABIANI.

1865.

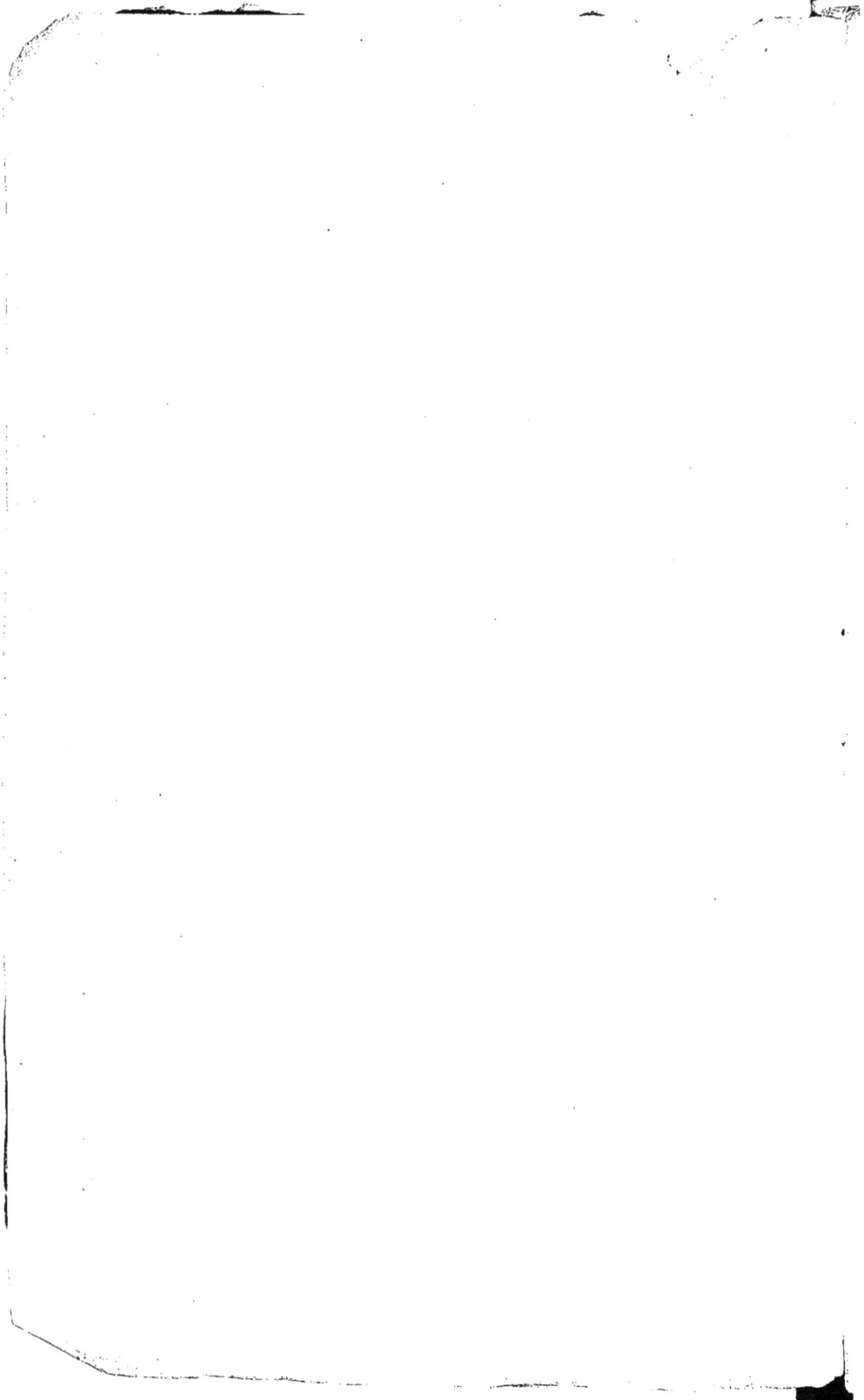

COMPTE-RENDU

DE

L'EXPOSITION GÉNÉRALE

DES

PRODUITS AGRICOLES, INDUSTRIELS ET ARTISTIQUES

DE LA CORSE.

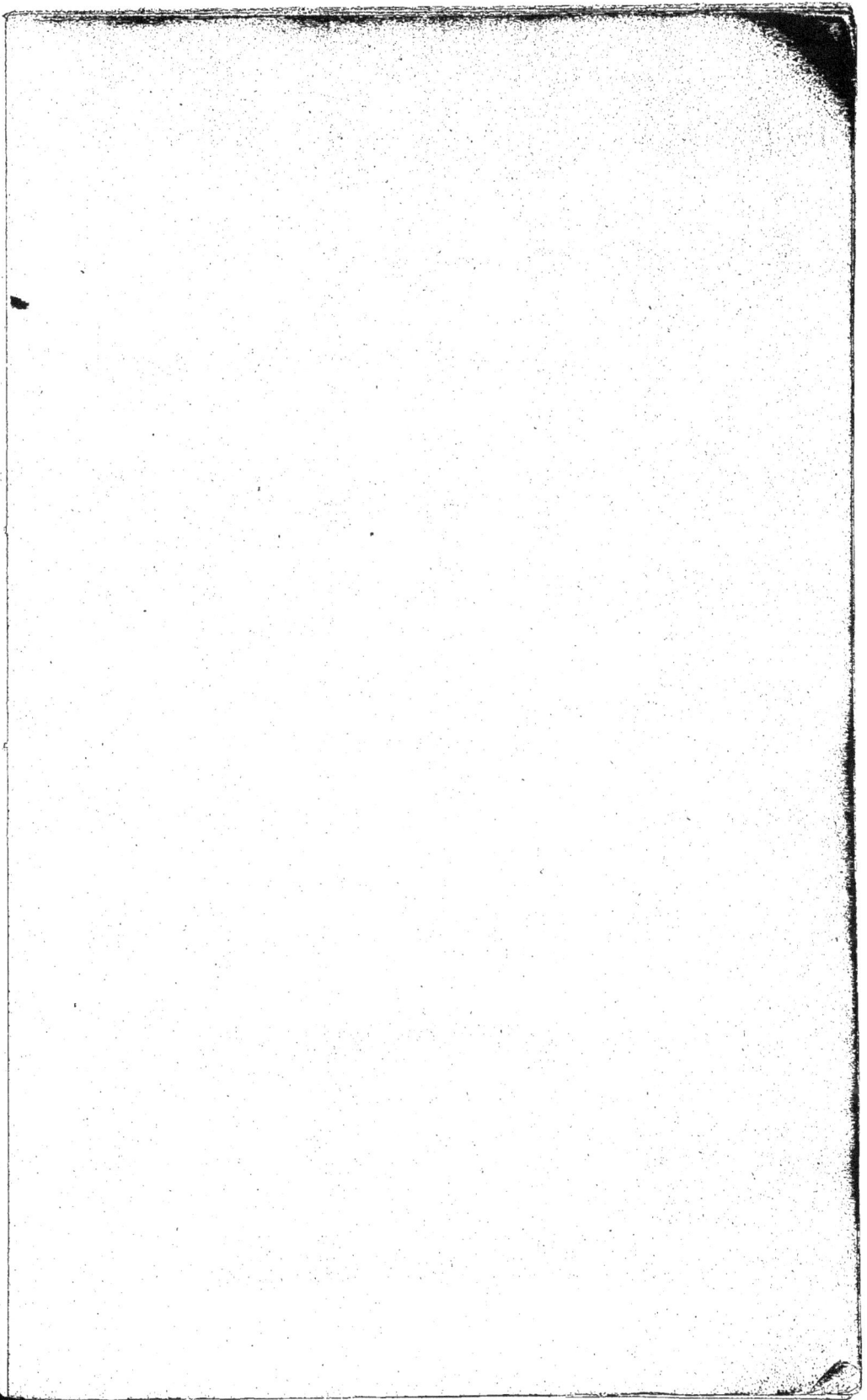

EXPOSITION A AJACCIO EN MAI 1865.

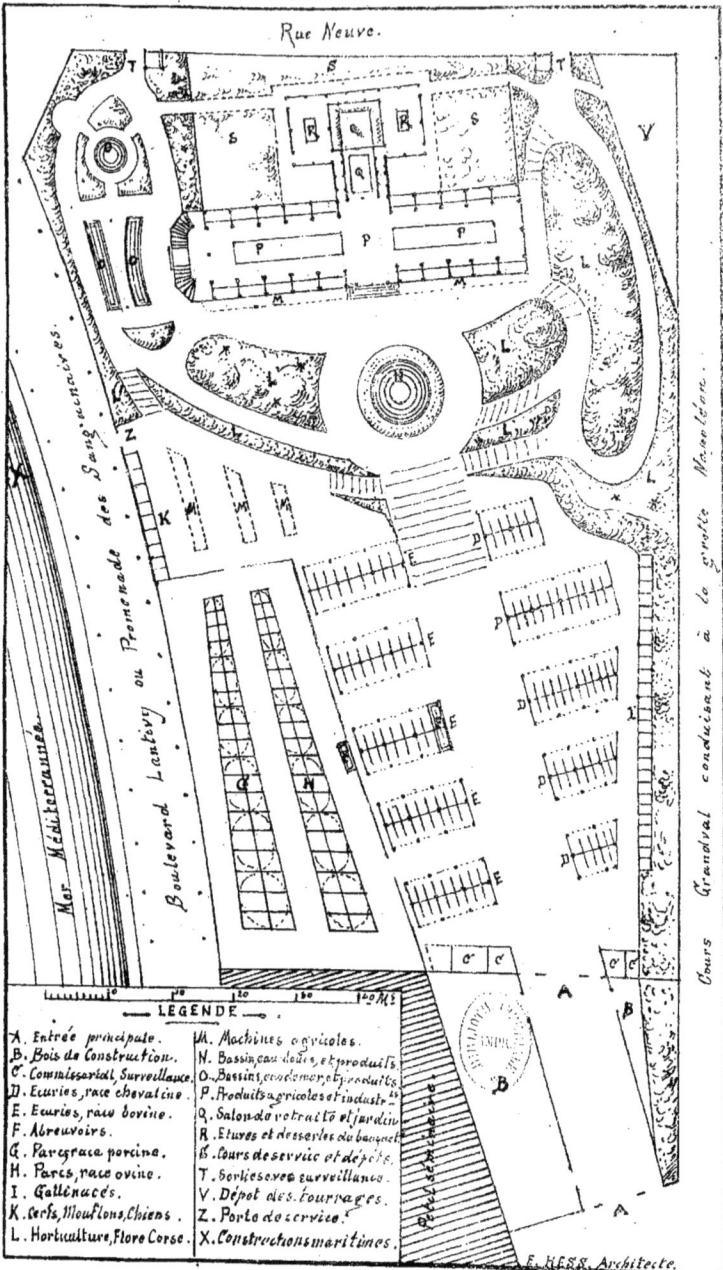

Rue Neuve.

Mer Méditerranée.

Boulevard Lantivy ou Promenade des Sanguinaires.

Cours Grandval conduisant à la grotte Napoléon.

LEGENDE

- A. Entrée principale.
- B. Bois de Construction.
- C. Commissariat, Surveillance.
- D. Ecuries, race chevaline.
- E. Ecuries, race bovine.
- F. Abreuvoirs.
- G. Parc grace porcine.
- H. Parcs, race ovine.
- I. Gallinacés.
- K. Cerfs, Mouflons, Chiens.
- L. Horticulture, Flore Corse.
- M. Machines agricoles.
- N. Bassin, eau douce, et produits.
- O. Bassins, eau de mer, et produits.
- P. Produits agricoles et industr.ls
- Q. Salon de retraite et jardin.
- R. Etuves et desserte du banquet.
- S. Cours de service et dépôts.
- T. Sorties eaux surveillance.
- V. Dépôt des fourrages.
- Z. Porte de service.
- X. Constructions maritimes.

E. HESS Architecte.

COMPTE-RENDU

DE

L'EXPOSITION GÉNÉRALE

DES

PRODUITS AGRICOLES, INDUSTRIELS ET ARTISTIQUES

DE LA CORSE

Du 10 au 16 Mai 1865

A AJACCIO.

BASTIA,

DE L'IMPRIMERIE FABIANI.

1865.

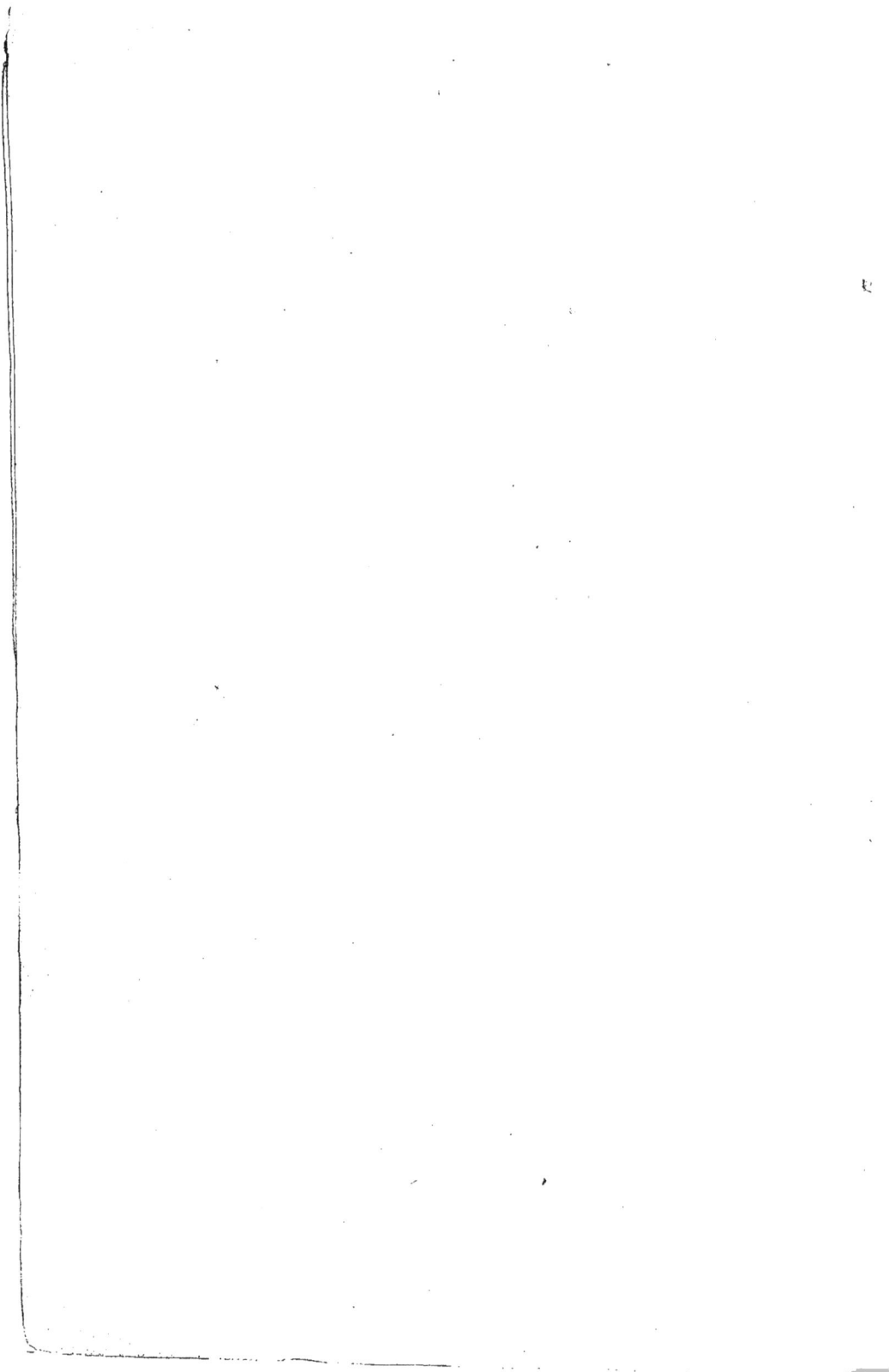

INTRODUCTION.

—

Une Exposition des Produits agricoles, industriels et des Beaux-Arts du département de la Corse a été ouverte à Ajaccio le 11 mai 1865.

Une commission de 25 membres, nommés par M. le Préfet de la Corse, a dirigé tous les travaux préparatoires.

Cette commission était partagée en deux comités, dont l'un s'est occupé spécialement d'organiser l'Exposition agricole, l'autre d'organiser l'Exposition industrielle et des Beaux-Arts. Des sous-comités locaux ont propagé dans toute l'étendue du département l'impulsion donnée par la Commission centrale, et ont secondé son action avec le dévouement le plus éclairé.

La Compagnie des Paquebots-poste de la Corse et la direction des Messageries du département ont facilité par de généreux sacrifices le transport des exposants et des produits ; le chantier de constructions d'Ajaccio a prêté un concours des plus utiles.

2146 Exposants ont répondu à l'appel 'qui leur était fait ; les Jurys, sous l'habile et impartiale direction de M. Rendu, inspecteur général d'agriculture, commissaire général de l'Exposition, ont eu à apprécier 3740 produits, et ils ont délivré 311 récompenses. Deux médailles d'or avaient été offertes par S. M. l'Empereur ; une par S. A. I. Monseigneur le Prince Napoléon.

La présente publication a pour but de conserver un souvenir des efforts que l'Exposition Corse a provoqués et des résultats obtenus par les Exposants.

Elle se divise en trois parties :

La première contient les arrêtés et les règlements organisant l'Exposition, la description du Palais et de ses dispositions matérielles.

La seconde partie a trait à la distribution des récompenses ; elle renferme le discours de M. le Préfet aux Exposants, le rapport de M. Buisson sur l'ensemble de l'Exposition, la liste des Lauréats et le compte-rendu du banquet offert par la ville d'Ajaccio.

La troisième se compose des rapports de chaque section sur les produits exposés et de divers documents statistiques relatifs à l'Exposition Corse.

PREMIÈRE PARTIE.

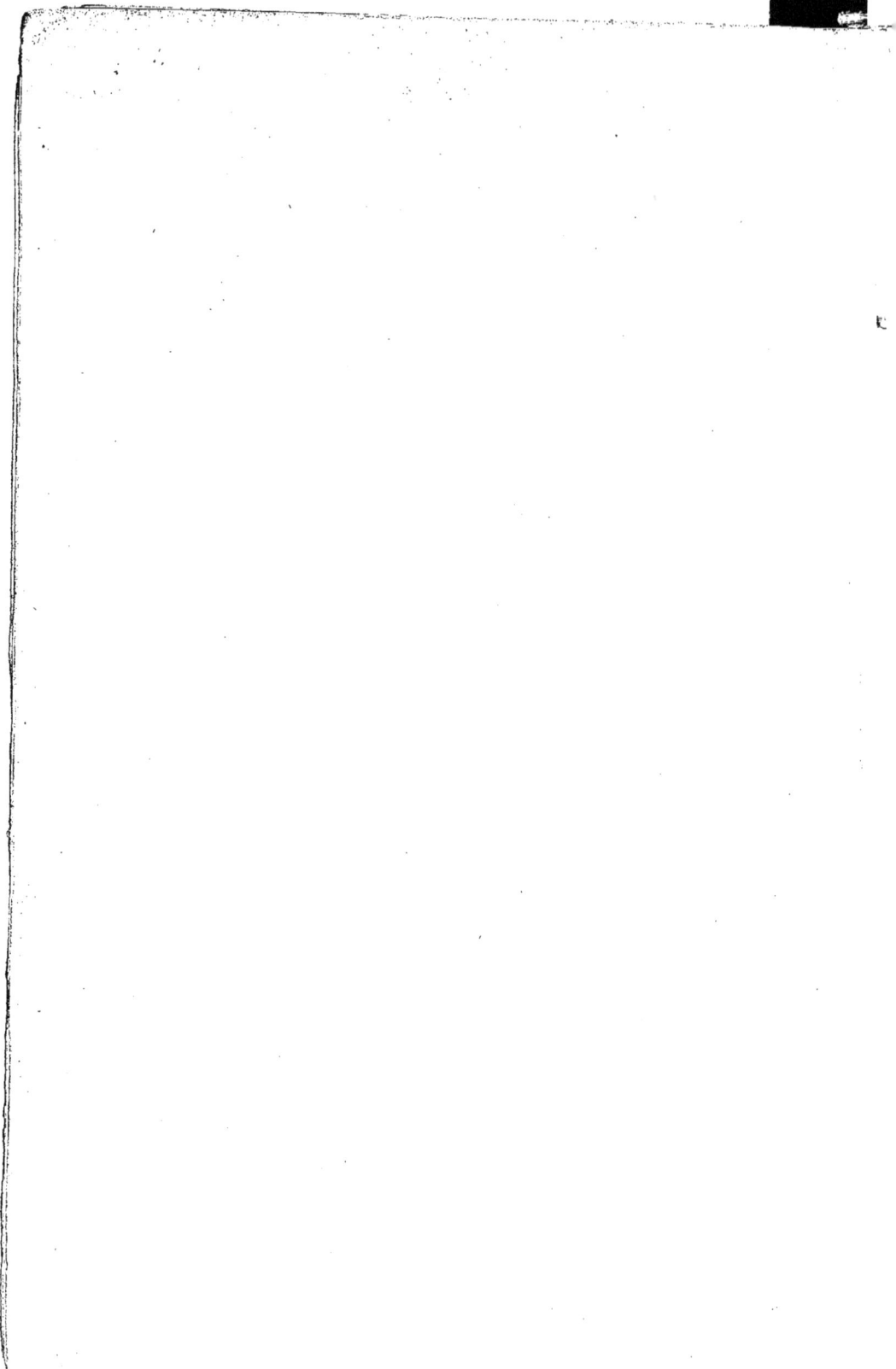

MINISTÈRE DE L'AGRICULTURE, DU COMMERCE
ET DES TRAVAUX PUBLICS.

CONCOURS RÉGIONAL AGRICOLE DE LA CORSE

A AJACCIO,

Du mercredi 10 mai au mardi 16 mai 1865.

ARRÊTÉ.

Le Préfet de la Corse,

Vu les dépêches ministérielles, en date des 23 décembre 1864 et 1er février 1865;

Vu la délibération du Conseil général de la Corse, en date du 27 août 1864.

ARRÈTE:

ART. 1er. Un concours général d'animaux reproducteurs, d'instruments et de produits agricoles, pour toute la Corse, aura lieu du 10 au 16 mai 1865, dans la ville d'Ajaccio.

ART. 2. Une prime d'honneur sera décernée, lors de cette exposition, à l'agriculteur du département dont l'exploitation, visitée et comparée aux autres domaines de la Corse admis à concourir, sera le mieux dirigée et aura réalisé les améliorations les plus utiles et les plus propres à être offertes en exemples.

Une médaille d'or et une médaille d'argent, données par S. M. l'Empereur, seront décernées aux concurrents dont les domaines visités offriront les améliorations les plus importantes.

Une autre prime d'honneur sera également décernée à l'agriculteur de la Corse qui aura présenté la plantation la plus remarquable, soit en vignes, mûriers, amandiers, citronniers, orangers, cédratiers, etc.

Une médaille d'or et une médaille d'argent, dons de S. M. l'Empereur, seront décernées aux propriétaires dont les plantations auront le plus approché du prix.

1re DIVISION.

PRIMES D'HONNEUR.

Art. 3. La prime d'honneur pour l'exploitation la plus méritante consistera en une somme de 1,500 fr.

1re médaille. Médaille d'or de Sa Majesté.

2e médaille. Médaille d'argent de Sa Majesté.

La prime d'honneur pour la plus belle plantation consistera en une somme de. . . . . 1,000 fr.

1re médaille. Médaille d'or de Sa Majesté.

2e médaille. Médaille d'argent de Sa Majesté.

2me DIVISION.

ANIMAUX REPRODUCTEURS.

1re CLASSE. — Espèce chevaline.

Art. 4. — 1re Section. — ÉTALONS.

1er prix. Une médaille d'or et . . . . 200 fr.

2e prix. Une médaille d'argent et . . . . . 100 fr.

3e prix. Une médaille de bronze et 50

2me Section. — POULAINS ET POULICHES.

1er prix. Une médaille d'or et. . . . . . . 200 fr.

2e prix. Une médaille d'argent et 100

3e prix. Une médaille de bronze et 80

4e prix. Une médaille de bronze et 50

3me Section. — JUMENTS SUITÉES.

1er prix. Une médaille d'or et. . . . . . . 200 fr.

2e prix. Une médaille d'argent et 100

3e prix. Une médaille de bronze et 80

4e prix. Une médaille de bronze et 50

4me Section. — TOUS CHEVAUX RÉUNIS.

Grand prix des Haras . . . . 500 fr.

5me Section. — ESPÈCE MULASSIÈRE.

(Mules et Mulets.)

1er prix. Une médaille d'or et. . . . . . . 200 fr.

2e prix. Une médaille d'argent et 100

3e prix. Une médaille de bronze et 60

4e prix. Une médaille de bronze et 30

2me CLASSE. — Espèce bovine.

1re Catégorie. — RACES CORSES PURES.

1re Section. — TAUREAUX.

1er prix. Une médaille d'or et. . . . . . . 150 fr.

2e prix. Une médaille d'argent et 125

3e prix. Une médaille de bronze et 100

4e prix. Une médaille de bronze et 80

5e prix. Une médaille de bronze et 50

2me Section. — VACHES PLEINES OU A LAIT.

1er prix. Une médaille d'or et. . . . . . . 125 fr.

2e prix. Une médaille d'argent et 100

3e prix. Une médaille de bronze et . . . . . . 80 fr.
4e prix. Une médaille de bronze et 60
5e prix. Une médaille de bronze et 40

2me *Catégorie*. — RACES ÉTRANGÈRES PURES OU CROISÉES.

1re Section. — TAUREAUX.

1er prix. Une médaille d'or et . . . . 150 fr.
2e prix. Une médaille d'argent et 125
3e prix. Une médaille de bronze et 100

2me Section. — VACHES PLEINES OU A LAIT.

1er prix. Une médaille d'or et . . . . 125 fr.
2e prix. Une médaille d'argent et 100
3e prix. Une médaille de bronze et 80

3me CLASSE. — **Espèce ovine.**

1re *Catégorie*. — RACES CORSES PURES.

1re Section. — BÉLIERS.

1er prix. Une médaille d'or et . . . . 80 fr.
2e prix. Une médaille d'argent et 60
3e prix. Une médaille de bronze et 40
4e prix. Une médaille de bronze et 25

2me Section. — BREBIS (lots de 5 bêtes).

1er prix. Une médaille d'or et . . . . 60 fr.
2e prix. Une médaille d'argent et 40
3e prix. Une médaille de bronze et 30
4e prix. Une médaille de bronze et 20

2me *Catégorie*. — RACES ÉTRANGÈRES ET CROISEMENTS DIVERS.

1re Section. — BÉLIERS.

1er prix. Une médaille d'or et . . . . 100 fr.
2e prix. Une médaille d'argent et 80
3e prix. Une médaille de bronze et 50

2ᵐᵉ Section. — BREBIS (lots de 5 bêtes).

1ᵉʳ prix. Une médaille d'or et . . . . 80 fr.
2ᵉ prix. Une médaille d'argent et 60
3ᵉ prix. Une médaille de bronze et 40

4ᵐᵉ CLASSE. — Espèce porcine.

1ʳᵉ *Catégorie*. — RACES CORSES.

1ʳᵉ Section. — VERRATS.

1ᵉʳ prix. Une médaille d'or et . . . . 80 fr.
2ᵉ prix. Une médaille d'argent et 60
3ᵉ prix. Une médaille de bronze et 40

2ᵐᵉ Section. — TRUIES.

1ᵉʳ prix. Une médaille d'or et . . . . 70 fr.
2ᵉ prix Une médaille d'argent et 50
3ᵉ prix. Une médaille de bronze et 30

2ᵐᵉ *Catégorie*. — RACES ÉTRANGÈRES PURES
OU CROISÉES.

1ʳᵉ Section. — VERRATS.

1ᵉʳ prix. Une médaille d'or et . . . . 100 fr.
2ᵉ prix Une médaille d'argent et 80
3ᵉ prix. Une médaille de bronze et 60

2ᵐᵉ Section. — TRUIES.

1ᵉʳ prix. Une médaille d'or et . . . . 80 fr.
2ᵉ prix. Une médaille d'argent et 60
3ᵉ prix. Une médaille de bronze et 50

5ᵐᵉ CLASSE. — Bœufs de travail (la paire) corses
ou étrangers, purs ou croisés.

1ᵉʳ prix. Une médaille d'or et . . . . 150 fr.
2ᵉ prix. Une médaille d'argent et 100
3ᵉ prix. Une médaille de bronze et 80
4ᵉ prix. Une médaille de bronze et 50

6me CLASSE. — **Volailles**.

1er prix. Une médaille d'argent et . . . . . 40 fr.
2e prix. Une médaille d'argent et 30
3e prix. Une médaille de bronze et 25
4e prix. Une médaille de bronze et 20
5e prix. Une médaille de bronze et 15

3me DIVISION.

PRIX AUX COLONS OU SERVITEURS

LES PLUS MÉRITANTS ET LES PLUS ANCIENS
CHEZ LE MÊME PROPRIÉTAIRE.

1er prix. Une médaille d'or et . . . . 250 fr.
2e prix. Une médaille d'argent et 150
3e prix. Une médaille de bronze et 100
4e prix. Une médaille de bronze et 60
5e prix. Une médaille de bronze et 50

4me DIVISION.

MACHINES ET INSTRUMENTS AGRICOLES.

1re Section. — MACHINES A BATTRE.

1er prix. Une médaille d'or.
2e prix. Une médaille d'argent.

2e Section. — TARARES.

1er prix. Une médaille d'argent.
2e prix. Une médaille de bronze.

3e Section. — CRIBLES ET TRIEURS.

1er prix. Une médaille d'argent.
2e prix. Une médaille de bronze.

4º Section. — CHARRUES.

1er prix. Une médaille d'or.
2º prix. Une médaille d'argent.
3º prix. Une médaille de bronze.
4º prix. Une médaille de bronze.

5º Section. — HERSES.

1er prix. Une médaille d'argent.
2º prix. Une médaille de bronze.

6º Section. — BUTTOIRS.

1er prix. Une médaille d'argent.
2º prix. Une médaille de bronze.

7º Section. — HOUES A CHEVAL.

1er prix. Une médaille d'argent.
2º prix. Une médaille de bronze.

8º Section. — EXTIRPATEURS ET SCARIFICATEURS.

1er prix. Une médaille d'or.
2º prix. Une médaille d'argent.
3º prix. Une médaille de bronze.

9º Section. — ROULEAUX A DÉPIQUER.

1er prix. Une médaille d'argent.
2º prix. Une médaille de bronze.

10º Section. — ROULEAUX A ÉMOTTER.

1er prix. Une médaille d'argent.
2º prix. Une médaille de bronze.

11º Section. — COUPE-RACINES.

1er prix. Une médaille d'argent.
2º prix. Une médaille de bronze.

5ᵐᵉ DIVISION.

PRODUITS AGRICOLES.

1ʳᵉ *Catégorie*. — VINS. (Envoi de 3 bouteilles.)

1ʳᵉ Section. — VINS DE COMMERCE.

1ᵉʳ prix. Une médaille d'or et	200 fr.
2ᵉ prix. Une médaille d'argent et	150
3ᵉ prix. Une médaille de bronze et	100
4ᵉ prix. Une médaille de bronze et	80
5ᵉ prix. Une médaille de bronze et	50

2ᵉ Section. — VINS FINS ET DE LIQUEUR.

1ᵉʳ prix. Une médaille d'or et	250 fr.
2ᵉ prix. Une médaille d'argent et	200
3ᵉ prix. Une médaille de bronze et	150
4ᵉ prix. Une médaille de bronze et	100
5ᵉ prix. Une médaille de bronze et	80
6ᵉ prix. Une médaille de bronze et	60

2ᵉ *Catégorie*. — HUILES. (Envoi d'un litre.)

1ᵉʳ prix. Une médaille d'or et	200 fr.
2ᵉ prix. Une médaille d'argent et	100
3ᵉ prix. Une médaille de bronze et	50
4ᵉ prix. Une médaille de bronze et	25

3ᵉ *Catégorie*. — SOIE FILÉE OU EN COCONS.

1ᵉʳ prix. Une médaille d'or.
2ᵉ prix. Une médaille d'argent.
3ᵉ prix. Une médaille de bronze.

4ᵉ *Catégorie*. — CÉRÉALES.

1ᵉʳ prix. Une médaille d'or.
2ᵉ prix. Une médaille d'argent.
3ᵉ prix. Une médaille de bronze.

5e *Catégorie.* — FOURRAGES ARTIFICIELS.

(Indiquer la contenance cultivée.)

1er prix. Une médaille d'or.
2e prix. Une médaille d'argent.
3e prix. Une médaille de bronze.
4e prix. Une médaille de bronze.

6e *Catégorie.* — RACINES.

1er prix. Une médaille d'argent.
2e prix. Une médaille de bronze.
3e prix. Une médaille de bronze.

7e *Catégorie.* — LÉGUMES SECS.

1er prix. Une médaille d'argent.
2e prix. Une médaille de bronze.

8e *Catégorie.* — CHATAIGNES CONSERVÉES.

1er prix. Une médaille d'argent.
2e prix. Une médaille de bronze.

9e *Catégorie.* — ORANGES.

1er prix. Une médaille d'or.
2e prix. Une médaille d'argent.
3e prix. Une médaille de bronze.

10e *Catégorie.* — CÉDRATS.

1er prix. Une médaille d'or.
2e prix. Une médaille d'argent.
3e prix. Une médaille de bronze.
4e prix. Une médaille de bronze.

11e *Catégorie.* — CITRONS.

1er prix. Une médaille d'or.
2e prix. Une médaille d'argent.
3e prix. Une médaille de bronze.
4e prix. Une médaille de bronze.

12e *Catégorie.* — LIÉGES.

1er prix. Une médaille d'or.
2e prix. Une médaille d'argent.
3e prix. Une médaille de bronze.

13e *Catégorie.* — BOIS DE CONSTRUCTION ET AUTRES.

1er prix. Une médaille d'or.
2e prix. Une médaille d'argent.
3e prix. Une médaille de bronze.
4e prix. Une médaille de bronze.

14e *Catégorie.* — RÉSINE ET GOUDRON.

1er prix. Une médaille d'argent.
2e prix. Une médaille de bronze.

15e *Catégorie.* — MIEL ET CIRE.

1er prix. Une médaille d'argent.
2e prix. Une médaille de bronze.

16e *Catégorie.* — FROMAGES FRAIS OU SECS.

1er prix. Une médaille d'argent.
2e prix. Une médaille de bronze.
3e prix. Une médaille de bronze.

17e *Catégorie.* — FRUITS SECS.

1er prix. Une médaille d'argent.
2e prix. Une médaille de bronze.

18e *Catégorie.* — CULTURE MARAICHÈRE.

1er prix. Une médaille d'or.
2e prix. Une médaille d'argent.
3e prix. Une médaille de bronze.

DISPOSITIONS GÉNÉRALES.

Art. 5. Les domaines concourant pour la prime d'honneur des exploitations, et pour celle des plantations, seront visités par une commission composée exclusivement d'agriculteurs étrangers à la Corse, et présidée par l'inspecteur général de la région.

Les présidents, vice-présidents et secrétaires des sociétés d'agriculture, dans chaque arrondissement, indiqueront, du 1er au 15 mars, les quatre domaines de leur circonscription qu'ils jugeront les plus dignes de concourir pour la prime d'honneur. Cette note devra être envoyée à la préfecture, à Ajaccio, dans le plus bref délai.

Dès que la commission aura terminé la visite des domaines concourant, procès-verbal de ses opérations sera dressé par les soins de l'inspecteur général de l'agriculture. Les jugements de la commission seront rendus à la majorité des voix.

Des jurys spéciaux, nommés par nous, prononceront sur le mérite des animaux, instruments et produits présentés au concours général agricole de la Corse; leurs jugements seront rendus à la majorité des voix; en cas de partage, la voix du président sera prépondérante.

Aucun membre du jury ne pourra prendre part au concours en qualité d'exposant.

Le commissaire général, président du jury, aura seul

la police du concours ; il en règlera les dispositions, de concert avec l'autorité préfectorale.

ART. 6. Pour être admis à exposer, on devra adresser à la préfecture, jusqu'au 20 avril 1865, une déclaration écrite, indiquant le nom et la résidence du propriétaire, les divisions, classes, catégories et sections dans lesquelles il se propose de concourir.

Toute déclaration qui ne sera pas parvenue à la préfecture le 20 avril 1865, sera considérée comme nulle et non avenue.

Les propriétaires des animaux présentés au concours auront à se munir de fourrages et autres denrées propres à la nourriture de leurs animaux, cette dépense étant exclusivement à leur charge pendant toute la durée de l'exposition.

ART. 7. Les différentes opérations relatives au concours général agricole de la Corse sont réglées ainsi qu'il suit :

LE JEUDI 11 MAI. — Réception des animaux, instruments et produits.

LE VENDREDI 12 ET LE SAMEDI 13 MAI. — Opérations des jurys.

LE DIMANCHE 14 ET LE LUNDI 15 MAI. — Entrée du concours à 10 heures du matin.

LE MARDI 16 MAI. — Distribution solennelle des prix. Clôture du concours à 6 heures du soir.

ART. 8. Aucun animal ou objet présenté au concours ne pourra être enlevé avant la fin de l'exposition. Les médailles seront remises aux lauréats le jour de la distribution des récompenses. Le montant des prix sera payé aux propriétaires qui les auront obtenus, le mercredi 17 mai, de 8 heures à midi, à l'hôtel de la préfecture.

Le Préfet de la Corse,

CH. GÉRY.

Ajaccio, le 1er février 1865.

Approuvé:

Paris, le 17 février 1865.

Le ministre de l'Agriculture, du Commerce et des Travaux publics.

A. BÉHIC.

ARRÊTÉ.

Le Préfet de la Corse,

Vu l'arrêté du 1er février 1865 relatif au concours général agricole de la Corse,

ARRÊTE :

ART. 1er. — Une exposition générale des *produits industriels et des beaux-arts* du département de la Corse s'ouvrira à Ajaccio, en même temps que le concours agricole, le mercredi 10 mai, et sera close le mardi 16 mai 1865.

ART. 2. Des médailles d'or, d'argent et de bronze et des récompenses en argent seront décernées aux exposants désignés par les jurys pour l'importance et le mérite de leurs produits ou de leurs œuvres.

Ajaccio, le 28 février 1865.

CH. GÉRY.

RÈGLEMENT.

Art. 1er.

L'exposition est placée sous la direction et la surveillance d'une commission centrale composée de membres titulaires et de membres adjoints.

Dans chaque arrondissement, un comité sera chargé de prendre toutes les mesures utiles au succès de l'exposition.

Il sera établi, en outre, par les soins de ce comité, dans tous les cantons, villes et centres industriels où le besoin en sera reconnu, des sous-comités locaux ou des correspondants spéciaux.

Art. 2.

Sont admissibles à l'exposition tous les produits de l'agriculture, de l'industrie et de l'art.

Ces produits seront *reçus* à partir du *20 avril* jusques et y compris le *11 mai*.

La *réception* des *animaux* aura lieu le *11 mai* seulement.

Le vendredi *12* et le samedi *13*. — Opérations des jurys.

Le dimanche *14* et le lundi *15*. — Exposition.

Le mardi *16*. — Distribution solennelle des prix.

Art. 3.

Les plus grandes facilités seront offertes aux exposants pour le transport des produits et la nourriture des animaux à l'exposition.

Art. 4.

La réception et le classement des objets seront faits par les soins de la commission centrale. Les exposants devront aider à cette opération ou s'y faire représenter.

Art. 5.

La Commission prendra toutes les mesures nécessaires pour préserver les objets exposés de toute chance d'avarie; mais l'administration n'est nullement responsable des dégâts, pertes, ou détournements qui pourraient se produire pendant la durée de l'exposition.

Art. 6.

Les clôtures, gradins, barrières et divisions entre les divers produits seront installés gratuitement; mais les arrangements et aménagements particuliers que voudront faire les exposants resteront à leur charge.

Art. 7.

Pour être admis à exposer, on devra adresser à la préfecture de la Corse, directement ou par l'intermédiaire de MM. les Sous-Préfets, Présidents des comités, sous-comités et Maires, avant le 20 avril 1865, une déclaration écrite spécifiant le nombre, la nature, le volume, le poids approximatif des objets à exposer, et désignant le nom et la résidence de l'exposant. — Des modèles de déclaration seront déposés à la Préfecture et dans les sous-préfectures et mairies.

Art. 8.

Les objets exposés pourront être vendus et les prix de vente affichés ostensiblement, mais les objets ainsi vendus ne seront retirés que le lendemain de la clôture de l'exposition.

Art. 9.

L'appréciation et le jugement des animaux et produits exposés seront confiés à un jury composé de membres pris dans tout le département. Ce jury pourra être subdivisé en jurys spéciaux. Le Président de chaque jury spécial aura voix prépondérante en cas de partage. Les exposants qui auront accepté les fonctions de jurés seront, par ce fait seul, mis hors de concours pour les récompenses.

Ajaccio, le 10 mars 1865.

Le Préfet de la Corse,
Ch. GÉRY.

FONCTIONS DES COMITÉS SPÉCIAUX.

INSTRUCTIONS.

Les comités locaux sont les intermédiaires officiels et obligés entre la commission centrale et toutes les personnes se proposant de concourir à l'exposition générale des produits de l'agriculture, de l'industrie et de l'art pour le département de la Corse.

Ils seront en communication directe avec cette commission et correspondront avec elle pour tous les éclaircissements et renseignements dont ils pourront avoir besoin.

La commission leur transmettra, à mesure que les circonstances les rendront nécessaires, tous les documents, instructions et avis propres à les éclairer sur toutes les questions relatives à l'exposition.

Les comités locaux ont pour mission:

1° De répandre dans le ressort de leurs localités tous les renseignements, tous les avis de nature à éveiller fortement l'attention des intéressés sur l'objet de l'exposition;

2° De rechercher tous les lieux et toutes les catégories de production de leurs localités et d'entrer en communication directe avec les propriétaires et industriels;

3° D'encourager par tous les moyens possibles l'exhibition de produits propres à jeter de l'éclat sur l'agriculture et l'industrie corses;

4° De presser les déclarations des exposants et de donner le plus tôt possible à la commission centrale un aperçu sur le nombre probable des exposants de leurs localités;

5° D'exciter autour d'eux le désir de visiter l'exposition et d'en faciliter les moyens autant que cela sera en leur pouvoir;

6° De signaler, dans un rapport écrit, les services rendus à l'agriculture et à l'industrie par des chefs d'exploitation, des colons, des directeurs d'usines, des contre-maîtres, des artistes, ouvriers ou journaliers, demeurant dans le ressort de leurs localités.

NOTICE

SUR LA DISPOSITION GÉNÉRALE ET LES BATIMENTS
DE L'EXPOSITION DE L'AGRICULTURE, DES ARTS
ET DE L'INDUSTRIE DE LA CORSE
EN MAI 1865.

L'Exposition générale de l'agriculture, des arts et de l'industrie de la Corse était établie à Ajaccio sur les terrains clos, appartenant à l'État et destinés à recevoir les constructions du nouvel évêché. Cet emplacement, bordé au nord par le Cours Grandval, au sud par le boulevard Lantivy, était dégagé à l'ouest par un chemin reliant ces deux voies de communication et avait une contenance de 11,480 mètres qui, ajoutés à la surface de 1,820 mètres, de la partie annexée de la cour du Petit Séminaire qui le précède, donnaient pour les terrains occupés par l'Exposition un total de 13,300 mètres superficiels.

Une avenue, partant du Cours Grandval, de 70 mètres de longueur sur 15 mètres de largeur, tracée sur cette annexe, destinée aux gros produits forestiers (bois de constructions civiles et maritimes en chêne, bois de sciage, mâtures, etc. en pin lariccio), conduisait à la véritable entrée de l'Exposition.

Une triple porte ornée de mâts vénitiens, avec trophées et oriflammes aux couleurs impériales, était flanquée, à droite, du Commissariat d'admission et d'un dépôt de pompes à incendie et à gauche du poste des gardiens et d'un corps de garde.

Les terrains occupés par l'Exposition se présentaient bien nettement divisés en deux parties de niveaux différents. Sur la partie du niveau inférieur étaient disposées les constructions pour recevoir les animaux reproducteurs et les machines servant à la production agricole; sur le plateau supérieur étaient établis le grand bâtiment contenant les produits agricoles, artistiques et industriels et diverses dépendances.

La division par un mur de la première de ces parties détermine la séparation du gros bétail, races bovines et chevalines et du petit bétail, races ovines et porcines.

L'avenue d'entrée prolongée, garnie d'une double rangée de mâts avec oriflammes aux couleurs nationales, était bordée de 10 bâtiments couverts, disposés symétriquement à droite et à gauche, ornés de trophées et séparés entre eux par des chemins de 5ᵐ00 de largeur, les dégageant et permettant une circulation facile.

Les cinq pavillons de droite, divisés en stalles, contenaient les races chevalines, par catégories séparées en étalons, juments et juments suitées; les pavillons de gauche, également garnis de stalles, étaient occupés par les races bovines avec séparation en taureaux, bœufs de travail et vaches laitières.

Ces dix pavillons, ayant chacun 7ᵐ00 de largeur, avaient ensemble un développement de 120 mètres linéaires qui représentait (doublé par suite de la cloison qui divisait dans son axe chaque bâtiment) un développement réel de 240 mètres linéaires de stalles.

La partie du même plateau, située à gauche de l'avenue derrière les pavillons destinés à la race bovine, renfermait deux parcs clôturés à 1ᵐ 00 de hauteur, chacun d'une largeur moyenne de 4 mètres et ensemble d'une longueur de 150 mètres linéaires. Pour abriter contre les ardeurs du soleil les races ovines et porcines qu'ils contiennent, ces parcs étaient couverts d'une manière très-originale. Une série de tentes militaires, ornées chacune d'un petit drapeau, soutenues au centre par des poteaux, étaient montées sur les clôtures mêmes des parcs et donnaient à cette partie de l'Exposition un aspect riant peu ordinaire.

Dans la même partie, une série de stalles, symétriquement disposées le long des murs avec piquets d'attache, avaient reçu la race mulassière ajoutée au programme.

A côté de cette enceinte, dans une partie triangulaire, étaient disposées les machines agricoles avec possibilité de les faire fonctionner au moyen d'un manége.

A l'abri des beaux platanes qui bordent cette partie du boulevard Lantivy étaient construites une douzaine de cases en lattis renfermant des cerfs, des mouflons et plus loin des chiens.

Avant de quitter le plateau inférieur sur lequel une conduite d'eau spéciale alimentait deux abreuvoirs, il reste à signaler les cabanons couverts, établis à claire-voie sur 35 mètres de longueur le long du talus derrière les écuries de la race chevaline, et contenant les gallinacées, coqs et poules, enfin les dindons, canards, perdrix et faisans; quelques lots de lapins avaient également trouvé place dans ces cabanons.

Au bout du plateau inférieur, une rampe douce conduisait à la partie destinée à l'Exposition des produits de l'agriculture, des arts et de l'industrie.

En avant et sur les faces latérales du bâtiment principal, des chemins, tracés suivant les ondulations des terrains, dessinaient des parterres contenant, les uns l'exposition horticole, la culture maraichère et industrielle et la culture d'agrément, fleurs et arbustes décoratifs; les autres, la collection de la flore de la Corse, produits parmi lesquels on remarquait le myrte, l'arbousier et les belles bruyères des makis traditionnels.

Après avoir passé à côté d'un bassin de 13^{m}00 de diamètre, alimenté par un jet d'eau et orné de plantes aquatiques, on arrivait par un large perron au bâtiment principal, portant, sous un fronton décoré des armes impériales, l'inscription : AGRICULTURE. ARTS. INDUSTRIE.

Ce bâtiment avait 52 mètres de longueur sur 13^{m}50 de largeur, c'est-à-dire 702 mètres superficiels. Il était divisé dans le sens de sa longueur en trois nefs, celle centrale de 9^{m}00 de largeur, celles latérales de 2^{m}25 ; dans les travées de ces dernières étaient disposés des tablettes, des étagères, des casiers, des porte-bouteilles, etc., suivant la nature des produits que chacune d'elles était destinée à contenir.

Les façades extérieures du bâtiment étaient tendues de larges rideaux de coutil et décorées d'une ligne de

mâts vénitiens, dressés au droit de chaque ferme et
ornés de banderoles à franges d'or.

A l'intérieur, le bâtiment était plafonné en blanc et
les travées garnies de riches rideaux en laine rouge,
se détachant sous une ample draperie de même étoffe
avec bordures à rosaces et à ganses d'or. Onze forts
lustres et des bras de lumières contribuaient à l'ensemble de cette décoration.

Sur la face intérieure du pignon d'entrée se trouvaient, au milieu d'un trophée, les armes de la Corse;
sur les deux pignons de tête du bâtiment, les armes
d'Ajaccio et celles de Bastia disposées de même se
faisaient face ; enfin en regard de celles de la Corse,
les armes réunies du Prince Napoléon et de la Prin-
cesse Clotilde indiquaient le salon de retraite préparé
pour LL. AA. II. Ce salon, tendu en soie bleue, était
orné d'un riche mobilier, de tapis, de lustres et du
choix de l'Exposition des beaux-arts; il était largement ouvert sur un petit jardin planté de fleurs.

Deux passages de service conduisaient aux dépendances du grand bâtiment, installées pour le service
du banquet, c'est-à-dire aux cuisines, avec fourneaux
et étuve, et à une salle de desserte avec laverie ali-
mentée par un tuyau de la conduite d'eau.

Comme le terrain, sur lequel le bâtiment d'exposition des produits se trouvait établi, était en pente, le
plancher sur la surface sud du bâtiment se trouvait à
3m75 au-dessus du sol extérieur. Une terrasse décou-
verte, qui y avait été établie et garnie d'un escalier à
double rampe, permettait de jouir du magnifique pa-
norama du fond du golfe d'Ajaccio.

En contrebas de ce perron, trois aquariums, divisés en divers compartiments et alimentés avec de l'eau de mer par un service de pompes aspirantes et foulantes, recevaient les richesses animales et végétales des côtes de Corse et des étangs salés de la plaine orientale.

Enfin, sur la face postérieure de la clôture des terrains, deux portes de service, garnies chacune d'un pavillon de surveillance, étaient accusées par des mâts avec oriflammes; l'une d'elles était destinée à la sortie du public visitant l'exposition ; l'autre, au service des fourrages à côté de l'enceinte faite pour leur servir de dépôt.

Les travaux ont été entrepris et menés à bonne fin par M. Péchade, directeur du chantier des constructions navales d'Ajaccio. Les tentures et draperies décoratives ont été fournies par l'administration du garde meuble qui avait gracieusement envoyé à Ajaccio le matériel nécessaire et une brigade d'ouvriers sous la direction de M. Tuyau, chef des travaux du garde meuble.

Enfin, le plan général des bâtiments et le dessin des jardins sont dus à M. Hess, architecte du département de la Corse, qui en a dirigé l'exécution avec une intelligence et une habileté très-remarquables.

DEUXIÈME PARTIE.

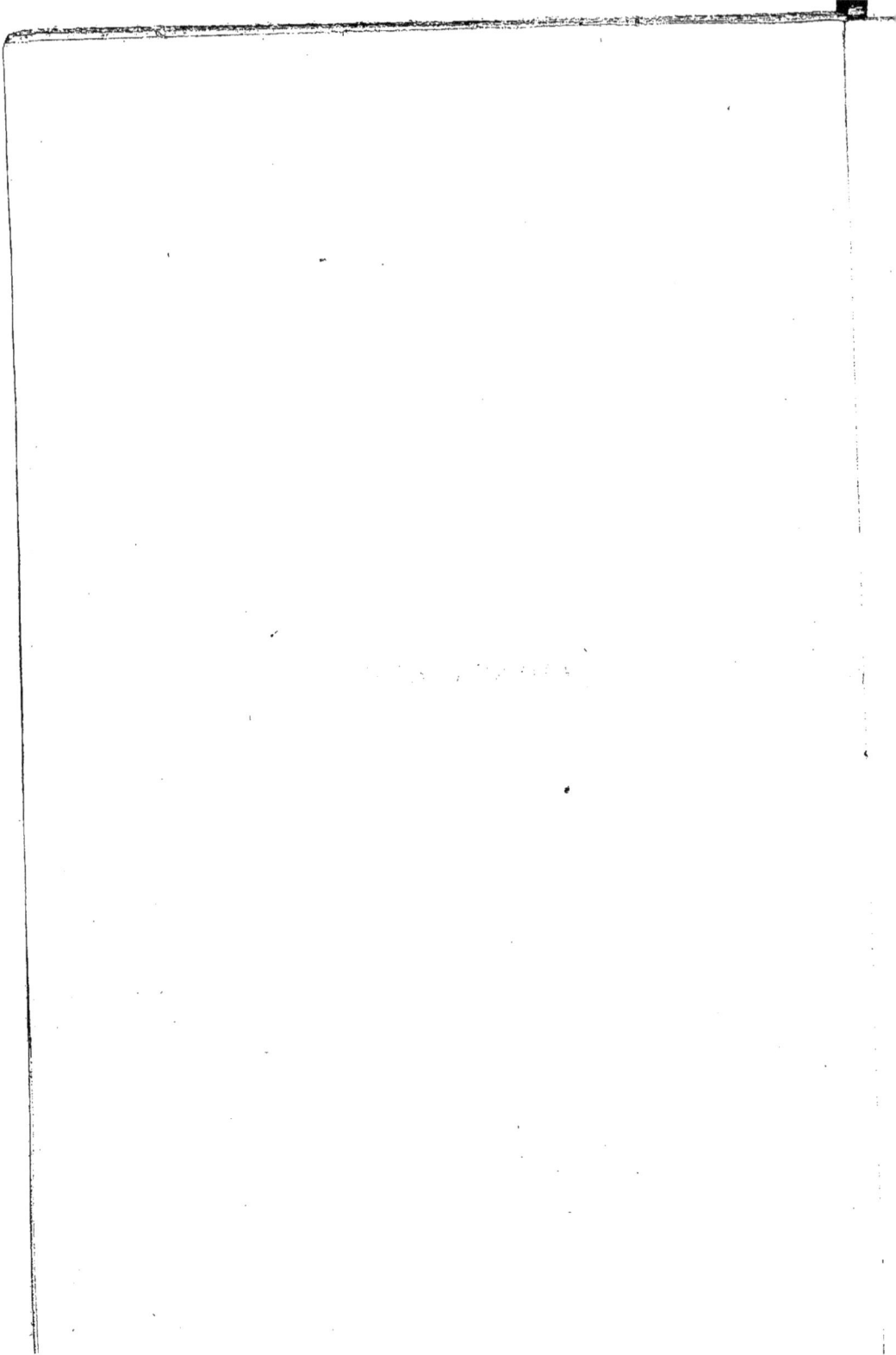

DISCOURS DE M. GÉRY

PRÉFET DE LA CORSE.

Monseigneur,

Messieurs,

Hier dans un discours qui restera comme un monument à côté de cet autre monument élevé à la plus grande gloire des temps modernes, — l'auguste représentant de l'Empereur nous montrait ce groupe de héros que la Corse a vu naître, qui ont grandi sur ces rivages — qui ont présidé au sort des batailles, gouverné des royaumes, fondé une dynastie — et que la postérité nous renvoie aujourd'hui dans la sereine immortalité du bronze.

S. A. I. savait qu'en parlant des Napoléons à la Corse, sa voix aimée remuerait jusqu'aux entrailles du pays; — j'ai l'honneur de parler aujourd'hui devant un Napoléon — et je lui demande la permission de l'entretenir, à mon tour, du sujet le plus propre à me concilier sa bienveillante attention : de la Corse, de son passé, de son avenir.

Comme tout individu, tout pays a ses destinées; les évènements peuvent le détourner de sa mission pendant des siècles, — mais toujours le temps l'y ramène et l'évolution marquée s'accomplit.

Les destinées de la Corse étaient grandes sans doute, car les marques de sa prédestination sont partout.

— Elles arrachaient au philosophe de Genève ce cri prophétique : « J'ai le pressentiment qu'un jour cette petite île étonnera le monde. »

Voyez son climat, le plus doux peut-être de l'Europe ! — L'oranger, le citronnier et le cédratier poussent en pleine terre, — le cactus, le figuier et l'aloès végètent avec vigueur comme sous les tropiques, — la vigne rampe partout presque sans culture, — les oliviers croissent spontanément sur les collines, et les pins séculaires couvrent les hautes montagnes de leurs tiges gigantesques.

Ici les productions des pays les plus brûlants, — là celles des régions les plus tempérées. Sur nos têtes les neiges éternelles, sur ces bords un printemps perpétuel.

Voyez ce sol toujours prêt, épaississant les makis avec une énergie qui révèle tout ce qu'il ferait pour les moissons : — ce sol, dont *l'odeur même* était chère à Napoléon Ier ; ces montagnes abruptes séparées par de fraîches vallées ; ces rochers qui sont du marbre ; ces ravins qui sont des mines ; ces eaux qui sont de précieux remèdes ; cette terre qui a des surprises pour toutes les recherches, des récompenses pour tous les efforts.

Regardez sa situation géographique : entre la France continentale, l'Italie et l'Afrique, entre l'Occident et l'Orient, au milieu de ce torrent de l'activité humaine qui emprunte des ailes à la vapeur, force toutes les résistances et fait de l'Isthme de Suez un canal abrégeant de 3,000 lieues la route de l'Inde, ouvrant au commerce de la Méditerranée un développement dont nul ne saurait mesurer l'importance.

Si le droit à la mer est le droit nouveau qui est ap-

pelé à régler désormais les rapports des nations en-
tr'elles, les privilégiés de l'avenir — dans les décrets
de la providence — ne sont-ils pas ceux à qui la nature a assigné de semblables postes ? ceux à qui elle
a donné des ports comme Ajaccio, Saint-Florent, Propriano, Portovecchio, — et ce vaste et antique abri des
galères romaines qui s'appelle encore l'étang de Diane?

Étudiez cette *race* d'hommes, race énergique et
forte, ayant *une trempe d'âme particulière* selon l'expression de Napoléon Ier; sachant l'art de se contenter
fièrement « du nécessaire »; capable de tuer un ennemi, mais dévouée jusqu'à la mort à ses amitiés ; ayant
une haute opinion d'elle-même, mais susceptible de
tous les efforts pour la justifier; aimant les emplois
« plutôt pour la considération qu'ils donnent que pour
le lucre qu'ils procurent »; (1) conservant intact l'esprit de famille; et poussant le patriotisme jusqu'au
sacrifice, — témoin cette mère qui avait perdu deux
enfants pendant la guerre de l'indépendance et qui
vint offrir le troisième, le seul qui lui restât, à Paoli.

Consultez l'histoire de ce peuple:

Vous verrez qu'il a une grande passion, l'amour de
la liberté.

« Pourquoi ne mariez-vous pas votre fille, » disait un
jour un gouverneur génois à une femme du Nebbio.
— « Pour que ses enfants ne viennent pas augmenter
le nombre des opprimés, » répondit-elle.

La Corse, pendant un siècle, a tenu en échec les lé-
gions romaines.

---

(1) Paoli.

Elle a repoussé les Vandales.

Elle s'est débattue 400 ans sous la domination atroce d'un peuple marchand.

En 1737, elle a crié à la France : « Si vos ordres souverains nous obligent à nous soumettre à Gênes, allons, buvons ce calice amer et mourons. »

Elle a étonné le XVIIIe siècle avec PAOLI.

Et résumant enfin en un seul homme tout un passé de guerre, de patriotisme et d'aspirations, elle a donné au monde celui qui devait être en Europe le grand initiateur de l'esprit moderne, NAPOLÉON.

Comment se fait-il donc que cette île, qui a été si bien dotée sous le rapport du climat et du sol; qui est la « maîtresse de la Méditerranée »; dont les habitants ont donné tant de preuves de mâles vertus; qui a été le berceau de Napoléon, — comment se fait-il que cette île soit encore en retard de civilisation et de progrès sur les continents qui l'entourent? — pourquoi apparaît-elle trop souvent aux publicistes « comme une colonie onéreuse à sa métropole? »

Parce qu'un pays ne se dépouille pas en un jour de la rouille des siècles, et que la marche vers le progrès des peuples qui ont longtemps souffert rencontre infailliblement dans les passions humaines mille obstacles accumulés par le temps, et que le temps seul peut écarter.

« Si vous voyiez, disait Paoli, un soldat à peine échappé d'une sanglante bataille, grièvement blessé et se traînant avec effort, serait-il raisonnable d'exiger qu'il eût une allure facile et dégagée? — C'est l'image de la Corse; blessée et abattue, elle relève à peine sa tête cicatrisée. » (1)

Parce qu'aussi la Corse est méconnue, qu'on suppose toujours que la sécurité, les écoles, les voies de communication lui manquent; et que les efforts qu'elle a faits depuis quinze années sont encore ignorés.

J'ai voulu, Messieurs, constater ces efforts, effacer d'injustes préjugés et faire connaître la Corse au continent et à elle-même — en ouvrant cette première exposition de ses produits agricoles et industriels sous les yeux du Prince illustre qui préside avec tant d'éclat aux grandes luttes du travail, et qui rehausse les prestiges de son nom par la double gloire de l'orateur et du savant.

Monseigneur, nous attendons respectueusement votre arrêt.

Il y a douze ans à peine ce pays était désolé par le banditisme. Des contumaces tristement célèbres jetaient l'épouvante et la mort dans les campagnes et dans les villes.

Hommes, enfants, vieillards marchaient toujours armés. Le soin de la défense personnelle était devenu la préoccupation exclusive de tous.

Grâce à la vigoureuse initiative d'un administrateur éminent, dont le souvenir ne saurait être oublié dans ces solennités (2) le port d'armes a été interdit; le banditisme a été supprimé; la sécurité existe.

---

(1) Paoli, Correspondance.
(2) M. Thuillier.

En 1840, M. Blanqui écrivait:

« Il n'y a en Corse qu'une route royale, pas de routes départementales, pas de diligences. »

En 1865, la Corse compte : 9 routes impériales, 13 routes forestières, 5 routes départementales — d'un développement total de 1,744 kilomètres.

Le réseau vicinal est de 1,941 kilomètres. Pour son achèvement, le Conseil général de la Corse a voté 1,100,000 fr.—les plus petites communes se sont imposées extraordinairement et les souscriptions particulières ont donné des résultats relativement considérables.

Tout le monde comprend donc aujourd'hui combien la facilité et l'économie des transports importent au développement de la richesse publique et viennent en aide à toutes les tendances civilisatrices.

En 1840, la Corse n'avait qu'un double départ hebdomadaire de paquebots à vapeur; elle en a cinq aujourd'hui.

Vingt heures suffisent pour aller à Marseille, douze à Nice et huit à Livourne, trente six heures pour aller d'Ajaccio à Paris.

En 1840 — il y avait en Corse 273 écoles, 9,000 élèves; en 1865, il y a 471 écoles et 18,000 élèves dont 9,000 gratuits. Il n'y a plus une seule commune sans école.

En 1840 — il y avait deux écoles de filles, — il y en a 75 aujourd'hui.

La *sécurité* a donné l'essor au travail et à l'initiative individuelle; — les *voies de communication*, aux relations sociales et aux échanges; — le développement de *l'instruction publique*, au progrès moral.

Rien ne s'oppose donc plus à ce que la Corse accomplisse maintenant sa double tâche *agricole* et *industrielle.*

L'Exposition, que Votre Altesse Impériale a daigné honorer d'une attention si bienveillante, est la mesure des efforts, la justification des espérances. — Permettez-moi, Monseigneur, d'en résumer les traits principaux.

Le *domaine agricole* menant de front toutes les cultures et l'élève du bétail, n'existe pas encore dans ce pays. M. le Rapporteur de la commission des *primes d'honneur* dira sur ce point à Votre Altesse Impériale le résultat d'une exploration faite avec autant de conscience que de dévouement par des agriculteurs distingués du continent, sous l'habile direction de M. l'Inspecteur général Rendu.

Je constate seulement que quelques hommes d'intelligence et de cœur, parmi lesquels je dois citer l'honorable Président de la Société d'agriculture de Bastia, ont fait en Corse des essais courageux de grande culture et ont donné de remarquables exemples.

La plaine orientale, malheureusement si insalubre, couverte de marais qui doivent être desséchés à tout prix, — la plaine orientale se prête admirablement à ces essais — elle semble toute préparée et comme nivelée d'avance pour la charrue et l'irrigation.

Ses céréales justifient l'antique renom de ces rivages qui furent un des greniers de l'Italie et elles expliquent l'existence à Mariana et à Aleria de ces cités romaines dont l'histoire nous a conservé le souvenir et dont les ruines attestent l'importance.

Le gouvernement impérial a voulu que l'avenir des

plaines orientales répondît à son passé — et il y a installé un de ces établissements pénitentiaires dont Votre Altesse Impériale a admiré les produits, qui sont en Corse de véritables fermes modèles et qui réalisent le triple but de l'amélioration de l'homme, de l'assainissement du pays et de la réhabilitation du sol — par le travail agricole.

Mais la grande culture, si beaux que soient les résultats qu'elle nous présente dans les plaines de la Casinca et d'Aleria, n'offrira pas de longtemps autant d'avantages en Corse qu'une autre branche plus modeste et plus appropriée au pays, — l'arboriculture.

L'olivier, la vigne, l'oranger, le citronnier, le cédratier, l'amandier, le figuier, le mûrier etc., doivent être le principe de la véritable richesse agricole de la Corse; l'Exposition démontre cette vérité jusqu'à l'évidence.

250 propriétaires ont exposé des *huiles*. Cette production dont la valeur s'est élevée, en 1852, à près de 4 millions, suffirait seule à la prospérité du département si tous les oliviers sauvages étaient greffés. Les propriétaires l'ont compris et chaque jour s'étendent les conquêtes de la greffe.

Les *vins* peuvent être hardiment comparés aux meilleurs crûs de l'Espagne et de Madère, — 1,500 bouteilles au moins ont été présentées. Le soufrage, popularisé depuis trois ans, sauvegarde désormais cette source de richesse; les bonnes méthodes de viticulture et de vinification que nous nous efforçons de propager, la développeront encore.

Les oranges, citrons et cédrats de la Corse déjà très-appréciés sur le continent; les amandes, figues et pruneaux préparés sans frais par le soleil ; la pâte d'abricot dont la fabrication procurerait aux femmes une occupation lucrative, peuvent devenir un important objet d'exportation.

La récolte annuelle, pour les cédrats seulement, s'élève aujourd'hui à 1,500,000 kilos par an, — ce qui représente une valeur de près de 800,000 fr. — Des tentatives heureuses propagent tous les jours cette culture réservée jusqu'ici au Cap-Corse.

Pour encourager ce mouvement, des pépinières ont été créées dans tous les arrondissements par l'Etat ou les communes — et ces pépinières livrent aujourd'hui gratuitement près de 45,000 pieds par an.

Les forêts de la Corse ont une magnificence sans pareille : leur contenance, quoique considérablement réduite, est encore égale au huitième de la surface de l'île, tandis que sur le continent elles ne couvrent pas même le dix-huitième du territoire. Sans parler de ces grands bois de châtaigniers qui occupent les régions intermédiaires et dont la fécondité prodigieuse a été peut-être une des causes de l'ancienne inertie agricole des populations, les hautes montagnes de la Corse sont couvertes de chênes, de hêtres, de sapins et surtout de pins larix.

Rien ne peut donner une idée des majestueuses dimensions de ces derniers. Il semble que la nature qui a doté la Corse de rades sûres et de vastes ports ait voulu aussi lui donner la charpente nécessaire pour les plus puissants navires.

Avec de pareilles ressources, on s'étonne que tous les ports de la Corse n'aient pas leur chantier de construction. Espérons que celui d'Ajaccio, sous la forte impulsion de la riche compagnie qui le possède, prendra bientôt un rapide développement et se complétera surtout par la création de cales de radoub qui seraient si utiles et si admirablement placées dans ce golfe.

Les races d'animaux domestiques ne sont pas, en Corse, d'une très-belle espèce; — mais l'exposition prouve les efforts qui ont été faits pour les améliorer pas des croisements bien entendus. Il est certain que la Corse, dont les hautes montagnes offrent tant de rapports avec quelques cantons de la Suisse, est susceptible d'un perfectionnement considérable, relativement au nombre et à la qualité des bestiaux qu'elle possède. Les moutons ont un grand mérite d'originalité : ils ont une laine longue et noire avec laquelle on façonne les draps du pays. Il y a malheureusement autant de chèvres que de moutons. Ces chèvres que des bergers, malgré la loi sur la vaine pâture, promènent sur toutes les propriétés par troupes nombreuses, sont une des plus grandes plaies du pays. Vous ne serez pas étonné, Monseigneur, que la chèvre corse, malgré les excellents fromages qu'elle donne, *les broccios*, ait été bannie de cette enceinte. Ce serait accomplir un vœu de Napoléon Ier que de la bannir complétement de l'île (1).

Les chevaux sont de petite taille, mais sobres, alertes, vigoureux. Les stations d'étalons impériaux, et les bons procédés d'éducation, propagés par des cours

(1) Mémorial de Ste-Hélène.

ambulants, ont produit des résultats dont Votre Altesse Impériale a daigné remarquer l'importance.

Les montagnes boisées et les makis des plaines regorgent de gibier; les cerfs, les mouflons et les sangliers sont les espèces les plus remarquables. Les merles corses ont une grande réputation, et le port d'Ajaccio seul en exporte, chaque année, une centaine de mille.

Il n'est pas jusqu'à la pêche (langoustes, murènes, corail) qui ne puisse être une source importante de profits. J'ai tenu, Monseigneur, à montrer dans une exposition spéciale toutes les richesses de la Méditerranée sur les côtes de notre île.

La Corse ne pourrait-elle pas enfin s'adonner dans ses plaines et ses vallées à la culture maraîchère et des primeurs, si profitable aux agriculteurs de l'Algérie et aux Mahonais? — la fréquence et la rapidité des communications par la navigation à vapeur, ouvriraient aux produits de cette culture le marché du continent comme elles l'ont fait pour l'Algérie.

Si je reporte maintenant mes regards vers l'exposition industrielle, je remarque que, là encore, on voit, à côté de la constatation des éléments de prospérité du pays, la preuve de grands efforts tentés pour mettre ces éléments à profit.

Voici, en face des collections minéralogiques qui montrent dans son infinie variété tout ce que récèle le sol de la Corse, — l'exposition de Toga et de Solenzara.

De toutes les industries de l'île, la plus importante est, sans contredit, l'industrie métallurgique. L'usine de Toga, établie à Bastia dans les meilleures conditions de prospérité, tend chaque jour à étendre ses opérations.

Les fontes de fer qu'elle produit, converties en tôle par MM. Petin, Gaudet et Cᵉ, sont préférées à toutes autres pour le blindage des navires de guerre. L'usine de la Solenzara, établie dans une situation moins favorable, se développe cependant chaque jour. Une troisième usine s'élève à Porto. Toga a quatre hauts-fourneaux — Solenzara deux; — les usines réunies consomment près de 30,000 tonnes de bois; — plus de 35,000 tonnes de minerai — et produisent 22,000 tonnes de fonte environ.

On voit aisément ce que le mouvement et la mise en œuvre d'une telle masse de produits exigent de bras et de capitaux; — 1,700 ouvriers trouvent là un travail assuré, de nombreux navires sont continuellement affectés au transport des matières, et des centaines de charrettes descendent chaque jour à l'usine les produits de l'exploitation et de la carbonisation des forêts.

Le voisinage des minerais de l'île d'Elbe, l'abondance des bois en Corse, le bon marché des transports maritimes sont pour ces établissements des garanties sérieuses de succès et d'avenir. De tels établissements n'ont rien à redouter de la concurrence étrangère; — dirigés par des hommes intelligents et actifs, ils prouvent une fois de plus que la liberté commerciale n'est fatale qu'aux faibles et aux incapables.

L'industrie minière qui, par l'abondance, la richesse et la variété des gisements de la Corse, semblerait devoir offrir des éléments sérieux de prospérité, — est, au contraire, dans un état fâcheux de décadence. Ainsi les exploitations des marbres de Corte, des minerais d'antimoine à Ersa, des cuivres de Castifao et de Linguizzetta, des mines de fer de Farinole et des houilles d'Ota, — subissent un temps d'arrêt dû, selon toute apparence, au manque de capitaux dans ce pays.

On peut constater par le chiffre toujours réduit des importations des pâtes d'Italie, que les similaires fabriqués dans l'île et surtout les pâtes de Bastia, tendent à s'emparer exclusivement de la consommation locale, malgré l'abaissement du droit (15 fr. à 3 fr. p. 100 kil.) accordé par le traité du 1er janvier 1864 aux pâtes de l'espèce importées du royaume d'Italie.

De même que les fabriques de pâtes, les tanneries de Bastia et d'Ajaccio, soutiennent leur vieille réputation; — les cuirs préparés dans ces usines sont recherchés en Italie — il en a été expédié, en 1864, plus de 50,000 kilos. Il a été exporté la même année 116,000 kilos de peaux brutes.

La distillation des produits résineux tend à prendre chaque jour plus d'importance. Un honorable industriel du département des Landes a créé au centre de la forêt de Valdoniello un vaste établissement. La térébenthine et le brai sec qui en forment les principaux produits sont embarqués à Porto. Les évènements d'Amérique ont créé une situation exceptionnellement favorable à ces usines; aussi le nombre des arbres soumis au gemmage, qui n'était que de 11,000, il y a trois ans, est-il aujourd'hui de 167,625.

L'industrie des liéges peut être encore une source de richesse : voici les produits des chênes-liéges du canton de Portovecchio : à côté d'un tronc vierge, voici les troncs écorcés; — ils montrent combien la nature aime et récompense le travail et combien elle sait réparer vîte les blessures qu'il lui fait. L'industrie des chênes liéges rapporte au seul canton de Portovecchio plus de 100,000 francs par an.

Voici, près des herbiers qui prouvent la richesse de la flore indigène, des liqueurs distillées, des essences, indiquant que la Corse pourrait facilement rivaliser avec Nice, la ville des parfums.

Près des matières textiles, les draps indigènes, produits du travail en famille si bien approprié aux mœurs corses.

Enfin, voici les cotons et les soies. — Les premiers essais de semis cotonniers ont réussi aussi bien sur la côte orientale que sur la côte occidentale, et les magnifiques plantations de mûriers que l'on remarque sur tous les points de l'île, disent assez quel y serait l'avenir de la sériciculture.

Les eaux minérales qui abondent en Corse peuvent être un élément considérable de prospérité. Je me bornerai à citer les eaux d'Orezza qui sont connues aujourd'hui du monde entier.

La Corse renferme donc d'immenses ressources naturelles et industrielles; — elle est traversée par une multitude de cours d'eau qui permettent d'y multiplier les usines, — les moteurs n'y feront pas plus défaut à l'industrie que les matières premières; — l'agriculture peut y trouver toutes les richesses de la terre et du soleil; — le commerce enfin, libre à peu près d'entraves, peut y poursuivre rapidement son œuvre de développement et de progrès.

Déjà, dans une période de dix années, de 1851 à 1861, — le mouvement commercial de la Corse s'est

élevé, importations et exportations réunies, de
18,047,927 fr. à 34,182,759, — différence en plus:
16,134,832. Ce mouvement ascensionnel, malgré l'insuffisance des récoltes d'huile et de céréales et les effets produits par la maladie de la vigne, ne s'est pas
arrêté. Le total général du mouvement commercial de
1864 a été de 38,896,321 avec une augmentation de
5 millions. — Enfin, de 1836 à 1861, la population
de la Corse a augmenté de 45,000 âmes.

Si le passé est triste, le présent est donc satisfaisant,
— l'avenir surtout est plein de promesses.

Un jour à Sainte-Hélène, quelques mois avant
cette heure qui devait marquer le terme de sa vie et
le commencement de son immortalité, l'Empereur
Napoléon Ier se promenait au jardin, triste et agité. Il
s'assit sous une touffe d'arbres : « Ah! docteur, dit-il
à Antomarchi, où est le beau ciel de la Corse?... le
sort n'a pas permis que je revisse ces lieux où me
reportent les souvenirs de mon enfance. Quels souvenirs m'a laissés la Corse! je jouis encore de ses sites,
de ses montagnes; — je la foule, je reconnais l'odeur
qu'elle exhale. Je voulais l'améliorer, la rendre heureuse, mais les revers sont venus; — je n'ai pu effectuer mes projets. » (1)

Sire, que votre grande ombre se rassure; Dieu a
donné un digne continuateur à votre œuvre.

Napoléon III n'a pas voulu seulement accomplir vos
suprêmes désirs en assurant « la conquête morale de

_____

(1) Derniers moments de l'Empereur Napoléon, par le docteur Antomarchi.

l'Europe » — en dotant chaque jour la France de ce
« lustre » des institutions libérales que vous lui des-
tiniez, en diminuant la misère physique par le travail
et la misère morale par l'instruction.

Il ne s'est pas contenté « de rejeter la Russie au
delà du Danube, l'Autriche derrière le Mincio, d'ouvrir
largement nos frontières au commerce du monde et
nos vieilles cités aux rayons du soleil, enfin, d'écrire
un beau livre qui eût fait la fortune littéraire du plus
obscur d'entre nous. » (1)

Il a voulu encore réaliser « ces projets que vous
n'aviez pu effectuer. »

« Vous vouliez, Sire, disiez-vous à Sainte-Hélène,
» encourager en Corse l'industrie, le commerce, l'a-
» griculture, les sciences et les arts. » (2)

Un des plus fermes soutiens, un des plus nobles
rejetons de votre dynastie, en présidant cette première
Exposition de l'agriculture, de l'industrie et des arts
de la Corse a accompli votre vœu suprême. — Au moment même où vous reprenez glorieusement possession de cette terre qui vous a vu naître, — l'industrie,
l'agriculture, le commerce que vous appeliez, en pren-
nent possession à leur tour. Il n'est pas jusqu'aux
sciences et aux arts qui n'aient leur part modeste encore mais féconde, dans cette grande initiation de
la Corse à la vie moderne.

Sire, vous constatiez avec douleur ces rivalités pro-

---

(1) S. Exc. M. Duruy.
(2) Derniers moments de l'Empereur Napoléon, par le docteur Antomarchi.

fondes qui divisent la Corse, — Napoléon III remplace
ces rivalités par les nobles émulations du travail.

Vous ordonniez des mesures pour déraciner en
Corse le banditisme et les traditions funestes de la
Vendetta (1). Votre successeur a pris ces mesures et il
a fondé la sécurité.

Vous attachiez « le plus grand prix à l'achèvement
de la grande route d'Ajaccio à Bastia » (2) aucun sacrifice ne vous paraissait excessif pour doter la Corse
de routes et de chemins. Sous le règne de Napoléon III,
près de 900 kilomètres de routes nouvelles ont été
classés en Corse et plus de 14 millions ont été consacrés à ces routes.

Vous vouliez faire venir « de bonnes eaux à Ajaccio » (3); la dérivation de la Gravona, due aux efforts
de S. A. I. le prince Napoléon, sera l'accomplissement
prochain de votre volonté.

Vous vous préoccupiez des travaux des ports en
Corse (4). Votre Auguste successeur achève les ports
d'Ajaccio, de Propriano et de l'île-Rousse et crée un
nouveau et vaste port à Bastia.

Vous vouliez que la Corse « fournît son contingent
à vos escadres » (5), vous vouliez en faire une pépinière de marins. — Chaque année maintenant l'esca-
dre de la Méditerranée vivifie par sa présence l'esprit
maritime en Corse, et une école de mousses a été récemment créée à Ajaccio.

Vous demandiez des rapports sur l'état et la valeur

(1, 2, 3, 4, 5) — Correspondance de Napoléon Ier.

des forêts de la Corse (1). — Sous le Gouvernement de Napoléon III, ces forêts deviennent accessibles et exploitables partout, elles versent sur les marchés du continent, en 1864, plus de 28,000 stères de bois de construction; de 1862 à 1865 leur revenu augmente de 319 p. 0[0 et les incendies qui les ravageaient cessent complétement.

Vous aviez dessein d'attirer à Ajaccio les étrangers (2). — Un des serviteurs les plus dévoués du second Empire s'est souvenu de cette pensée, et il a bâti ces gracieux cottages où les malades et les riches viendront bientôt réclamer la douce hospitalité du soleil.

Enfin, disiez-vous : « Si j'étais retourné en Corse, la population fût devenue ma famille, j'aurais disposé de tous les bras et de tous les cœurs. » (3)

Sire, vos glorieux descendants sont venus à Ajaccio « comme au milieu de leur famille. »

Tous les bras se sont tendus vers eux, et un seul, un immense cri, est sorti de toutes les poitrines — celui de VIVE L'EMPEREUR !

---

(1) Correspondance de Napoléon Ier

(2) Derniers moments de Napoléon Ier.

(3) Mémorial de Sainte-Hélène.

RAPPORT

DE M. JULES BUISSON

SUR LES

PRIMES D'HONNEUR.

MONSEIGNEUR,

MESSIEURS,

Quand on vient de jeter une vue d'ensemble sur la Corse, il est difficile de se défendre contre les séductions d'un pays si expressif. Qu'on regarde à la terre ou qu'on regarde à l'homme, il n'y a ici rien de vulgaire; et, si l'on vous apporte un esprit impartial, ouvert à toutes les libres manifestations de la vie, il reste saisi à la fois par la grandeur et l'attrait d'une nature énergique, et par la forte empreinte du caractère national.

Mais vous attendez de nous autre chose que l'expression de ce premier sentiment qui s'impose à tout voyageur.

Le jury de la prime d'honneur a été envoyé dans cette portion de la France pour étudier votre état agricole actuel; pour dire en quoi il s'écarte des lois générales de culture et d'économie rurale; pour constater son avenir. Il vous apporte surtout le parfum de l'honneur qui s'attache dans notre commune patrie au travail agricole. C'est par leurs qualités qu'il faut amener les hommes à l'amour et à la jouissance du progrès. Avec de l'honneur on remue la Corse. En apprenant d'hommes désintéressés, de simples agriculteurs, que, grâce aux primes régionales, l'une des institutions agricoles les plus fécondes du gouvernement impérial, il y a aujourd'hui, en France, une légion de propriétaires, de fermiers, de paysans, qui ne doivent leur distinction, qui ne demandent leur situation sociale qu'à l'agriculture, vous comprendrez mieux ce qui manque d'activité industrieuse à votre amour du sol; vous resterez plus irrévocablement engagés dans le mouvement agricole.

L'accomplissement de notre tâche exigeait une grande franchise. Elle est le droit de notre mission; nous l'avons regardée comme un devoir de reconnaissance pour l'hospitalité la plus cordiale qu'une commission ministérielle ait jamais rencontrée.

C'est devenu un lieu commun d'insister sur l'influence fatale que votre position insulaire a exercée sur toutes les forces productives de cette contrée. Naturellement en butte à des voisins très-puissants, vous avez à peine joui de cette indépendance, rarement stérile pour l'éducation des peuples comme des individus. Et, lorsqu'il y a bientôt un siècle vous unissiez vos destinées à celles de la France, la science économique n'avait point encore appris aux gouvernements que la meilleure manière de tirer parti des ressources d'un pays, c'est de l'administrer pour lui-même, parce que c'est l'unique moyen de les développer. Sans méconnaître le désintéressement, les efforts, les tentatives de détail, même les vastes projets des administrations successives de la France, on peut donc très-bien, dans un travail sommaire, faire dater vos destinées modernes, économiques et agricoles, de ces trente dernières années. Voilà le point de vue où il a paru utile de se placer pour juger des progrès accomplis.

En tant que peuple, étant restés une race d'hommes, vous ajoutez à ce grand contingent du génie français une des remarquables variétés d'origine et de nuance qui font sa force d'expansion (1), comme l'homogénéité de notre territoire fait notre force d'action militaire et de résistance. Si l'on se demande ce que vous nous apportez de richesse foncière, il semble que vous soyez venus surtout accroître et compléter ce genre de produits qui restaient une exception, aux extrémités de notre sol provençal, avant l'annexion glorieuse des Alpes-Maritimes.

C'est à ces régions qu'il faut vous comparer. On risquerait, en effet, de tomber en de singulières illusions si l'on ne se débarrassait, en abordant vos rivages, des impressions laissées dans l'esprit par les aspects régu-

---

(1) L'assimilation, profitable à tous, n'est pas dans l'anéantissement du génie spécial des divers peuples qui ont contribué à former cette puissance si importante dans la civilisation du monde, le génie national de la France. Bretons, Lorrains, Basques, Corses, ne sont pas les moins Français des Français pour avoir conservé leur physionomie propre. La variété dans l'unité, ce n'est pas seulement le *beau* dans l'art, c'est encore le *vrai* dans la pratique de la vie sociale, la constatation, la permanence de la liberté, sous la subordination nécessaire des liens d'État.

liers, les assolements classiques, les habitudes de travail et d'exploitation du Nord, du Centre et du Midi, sur le continent français. Qu'on se dégage de ces souvenirs; qu'on écarte votre *plaine orientale* (1), placée, en grande partie, par suite de causes historiques et physiques combinant leur action funeste, dans des conditions exceptionnelles ; qu'on néglige quelques contrastes excessifs, quelque Pieve ou conque, gardée hier encore par des remparts inaccessibles contre la civilisation, que restera-t-il? Les cultures et les plantations de Bonifacio, celles de la Casinca, du Cap, la Balagne, les conquêtes récentes des arrondissements d'Ajaccio et de Corte, les vignobles de Sartène, la culture céréale et fourragère des vallées de l'intérieur. Une attention plus libre y montre votre agriculture à l'état où elle était il y a quarante ans, à l'état où elle est encore, en plus d'un point, dans la France centrale et méridionale, là où l'industrie des habitants, des

---

(1) Un agriculteur habitué à compter les fermes, dans nos alluvions du continent, comme les bornes milliaires de la fécondité du sol, devinera-t-il aisément, en traversant ces étendues presque désertes, le secret de leur fortune à venir? S'il n'est mis au courant des conséquences économiques désastreuses de l'insalubrité de la plaine de l'Est, des migrations estivales, des distances incroyables qui séparent le propriétaire de son champ, des conditions usuraires pour le petit cultivateur de la location du cheptel, du bas étiage ou de l'assèchement complet, durant les fortes chaleurs, des nombreux cours d'eau dépendant du Fiumorbo et de la Castagniccia, il accusera sans ménagement l'activité et l'intelligence agricole des habitants.

La plaine orientale est, en Corse, le lieu d'exploitation où ce qui est diffère le plus de ce qui pourra et devra être.

chances favorables, la valeur inattendue de quelque produit spécial...., n'ont pas accéléré ses progrès. Plantations bien appropriées au sol et au climat, mais non spécialisées ni dominantes; économie rurale réduite aux proportions d'une simple économie domestique; instruments défectueux; procédés coûteux; inexpérience des méthodes : tout est pareil.

La Corse a eu, d'ailleurs, à lutter contre des difficultés complexes qu'on ne rencontre nulle part ailleurs. En étudier l'ensemble, serait écrire son histoire tout entière, car, avec sa position insulaire, ce sont surtout ses mœurs qui ont fait échec au progrès économique. Il n'est pas possible cependant de passer sous silence celles de ces difficultés qui ont agi le plus directement sur son état agricole.

Beaucoup, et des plus graves, ont déjà disparu. Encore quelques années, encore quelques-uns de ces grands travaux, véritables dettes de la communauté, et tout ce qui peut être fait par les lois ou par l'argent de l'Etat sera accompli. Ce sera à vous, c'est à vous dès aujourd'hui, à vos propres efforts, qu'il appartient de lever les derniers obstacles sérieux opposés au progrès.

Que pourrait l'Etat, par exemple, à l'éloignement d'une si notable portion de la population masculine pour les travaux réguliers et continus de la culture? Voilà le mal qui vous ronge. Les continentaux qui parlent de la Corse l'exagèrent; les auteurs indigènes le nient, l'expliquent et l'atténuent : tous les défauts des peuples s'expliquent et s'atténuent par l'histoire. Le moyen de les guérir n'est pas de les nier, pas plus que

de les exagérer. Quand on a relevé dans son blason(1),
sur le front de cette tête maure, l'ancien bandeau qui
couvrait ses yeux, c'est pour se regarder et se mesurer
hardiment, afin de proportionner les remèdes aux
maux.

Nous avons essayé de prendre cette mesure impartiale. Eh bien! Messieurs, la comparaison attentive des
données statistiques nous a amenés à constater ce grand
fait, que nous sommes heureux de mettre en lumière :
le travail indigène a pris un remarquable développement. Vous receviez tous les ans, avant la construction
des chemins de fer italiens, l'établissement de la cons-
cription dans l'Italie centrale et l'ouverture des grands
travaux de Marseille, douze mille cultivateurs lucquois ;
vous n'en recevez plus que six mille ; et cependant vos
défrichements, vos céréales, vos plantations, vos luzernes, ont augmenté de plus d'un tiers, et votre vignoble seul s'est porté de quatorze mille à vingt mille
hectares.

Combien la progression serait plus rapide, si vous
consentiez à être moins bergers, moins soldats, moins

---

(1) Les armoiries de la Corse étaient, en souvenir de la royauté
établie par les Sarrasins, *un écu d'argent* couronné, à la tête de Maure
avec les yeux bandés. Paoli, devenu maître de tout l'intérieur de l'île,
ayant réorganisé la justice, les lois, l'administration, établi enfin
un véritable gouvernement accepté de tous, trouva qu'il était temps
pour la Corse d'affirmer sa clairvoyance, et il fit sculpter des armoiries nouvelles, avec le bandeau relevé. On les conserve à Corte, dans
la bibliothèque de l'école qui porte son nom. Le sceau matrice du
gouvernement de la Corse, ainsi modifié, est maintenant dans le
musée Calvet, à Avignon.

fonctionnaires (1). Tel va végéter sur le continent qui abandonne ici des terrains neufs, fertiles, lesquels, mis en culture, eussent assuré l'aisance honorable à sa vie, un héritage en valeur à ses enfants. L'honneur, la fortune sont au bout d'une attention persévérante, d'un effort persévérant, appliqués à ce riche sol natal. Il appartient à tant d'hommes en crédit, dont la France s'honore et que les événements, depuis le commencement du siècle, ont mis à même de servir la Corse, de s'élever noblement au-dessus des exigences de clientèle, pour répandre et vulgariser des vérités si élémentaires. Mais mieux que les hommes, les faits nous instruisent. Où la rémunération a-t-elle manqué au travail sur la surface de l'île? D'où vient la fortune de Bonifacio? D'où la fortune de la Balagne? Et l'indus-

---

(1) Sur une population de 250,000 habitants, la Corse a 2,300 bergers.

L'inscription maritime accuse un nombre de 5,600 marins.

Les engagements volontaires, comprenant les engagés après libération avec ou sans prime, les réengagés dans la réserve avec prime, les remplaçants administratifs, se sont portés, en 1864, au chiffre de 584, le contingent annuel n'étant, en moyenne, que de 713!

Je tiens d'un administrateur appelé à participer au recensement, lors de la première application du suffrage universel en 1848, qu'il fut reçu dix mille et tant de votes des Corses présents sous les drapeaux.

Quant aux fonctionnaires, la statistique en est encore à faire. Rien ne serait plus utile que de connaître, commune par commune, le nombre des absents pour services publics. La Corse comprendrait alors combien cette ressource des fonctions publiques, que tant de familles s'habituent à regarder comme un débouché naturel, est pour le pays et pour elles-mêmes une cause d'appauvrissement et de ruine.

trie des cultivateurs du Cap n'a-t-elle pas amené les populations du beau vallon de Luri à donner, dès 1821, l'exemple, peut-être unique dans la France d'alors, d'une belle voie carrossable ouverte spontanément à leurs frais jusqu'à la marine? (1).

Le concours apporte des leçons d'un autre genre, empruntées à tous vos arrondissements et à toutes les conditions de culture.

Le rapport de la commission ministérielle n'embrasse que les vingt-huit propriétés désignées par les Comices agricoles (2), bien qu'elle ait étendu ailleurs son examen, pour élargir le cercle de ces informations.

Vingt-huit domaines sont entrés en concours. L'importance des plantations a dominé de beaucoup celle des exploitations. Par la nature des choses, cela devait être.

Ce n'est point à dire que, par le progrès du travail

---

(1) Elle n'a été classée qu'en 1864 : on la continuera jusqu'à Pino, peut-être jusqu'à Canari. La construction se fit avec un enthousiasme dont le souvenir est encore présent dans tout le Cap-Corse, chaque famille avançant en une année le travail de plusieurs.

(2) Par une réserve excessive et regrettable, les Sociétés d'agriculture auxquelles l'arrêté préfectoral réservait la désignation des domaines n'ont pas même rempli tous les cadres du programme. Dans une voie tout à fait nouvelle, il était naturel d'hésiter; elles se sont trop renfermées dans la lettre de l'institution.

C'est ainsi qu'à Calvi on a vu une cause d'élimination dans le morcellement des héritages, et nous n'avons pas eu à visiter une seule exploitation dans la magnifique Balagne.

Resserrées dans ces limites, les visites n'en ont pas moins occupé un mois entier la commission ministérielle.

instrumental et des mœurs agricoles, les plantations
éloignées des bourgs n'arrivent un jour à posséder
leur centre d'exploitation, avec leurs bâtiments, leur
personnel, leur bétail, leurs engrais; mais, au moment
où s'est fait ce premier concours, la raison d'être des
exploitations proprement dites est restreinte à des conditions culturales presque exceptionnelles dans la
Corse.

DOMAINES NON PRIMÉS : PLANTATIONS.

Jardin Sebastiani : Ajaccio. — Les possessions de
M. le général Sebastiani, désignées à notre attention
par la Société d'agriculture du chef-lieu, en quelque
sorte hors rang, et comme un jardin de luxe, offrent,
au centre même de la ville, la preuve que rien ne ré-
siste à une volonté énergique aidée du capital. Des
roches arides, encombrées d'aloès et de cactus, y sont
devenues un parc d'agrément plein de variété et d'om-
brages, mêlé de plantes exotiques, d'arbres de rapport,
de vignes cultivées avec soin (1). Situation, exposition,
ensemble de végétaux rares, voisinage de l'acqueduc
de Canneto, tout se réunit pour ramener à la pensée
le mot de Napoléon Ier, appelant, avec son intuition
surprenante de toute chose, Ajaccio *une heureuse étape*

---

(1) La dépense a été de 220,000 francs; le revenu consiste en oranges, vin, amandes; un double réservoir voûté, d'une capacité de
1,000 mètres cubes, centralise les eaux de source et les eaux de pluie
pour les arrosages.

d'acclimatation; et l'on se prend à souhaiter de voir ce lieu charmant, relié à votre *cours* par quelque travail grandiose, devenir le jardin d'études que rêvait l'imagination de l'Empereur.

Louons en attendant, et louons sans réserve un repos glorieux consacré à l'agriculture et une fortune généreusement dépensée dans son pays natal.

M. Piccioni, de l'Ile-Rousse, et M. Rocca Castellani, présentés par le Comice de Calvi, se sont retirés spontanément du concours.

Après avoir mis en ligne avec un soin remarquable et de grands frais de préparation, quatre mille oliviers ou mûriers, M. Piccioni, rebuté par l'éloignement et les difficultés d'exploitation, a cessé d'apporter le même intérêt à sa plantation d'Alzeta.

Tout entier à la création de sa belle pépinière départementale, qui marque une reprise de possession de la culture dans la *Balagne déserte*, M. Rocca Castellani réserve sa candidature (1).

C'était pour la Balagne cultivée deux places libres de plus, en tout six domaines qui auraient complété le concours, en nous faisant entrer au vif dans l'examen des plus anciennes fortunes agricoles de l'île et

---

(1) L'arrondissement de Calvi doit à M. Rocca Castellani des essais industriels très-dignes d'intérêt. Les produits de sa meunerie ont obtenu une médaille d'or à l'exposition d'Ajaccio, où ses pipes de racine de bruyère ont été également remarquées.

des procédés traditionnels de culture et d'exploitation de l'olivier, de l'amandier et de la vigne (1).

M. Franceschetti n'a pas été moins surpris par le concours que M. Rocca Castellani. Sa magnifique plantation de mûriers, devenue improductive par suite de la maladie des vers à soie, était abandonnée depuis trois ans à tout le désordre d'une végétation luxuriante. On se prépare à donner à *Paduloni* une place désor-

---

(1) Il serait injuste de ne pas signaler les efforts du Comice de Calvi, sous l'impulsion de M. de Colonna-Leca, sous-préfet et propriétaire dans l'arrondissement. Grâce à l'initiative de son président, secondé par tous les hommes intelligents de la Balagne, cette Société agricole a doté le pays d'un pépinière communale, vivant des ressources locales, à côté de la pépinière d'arrondissement subventionnée par l'Etat. Un habile agriculteur, M. Antonini d'Aregno, reçoit tous les ans 1,400 francs, à la charge de fournir aux cultivateurs 6000 pieds de citronniers, orangers, amandiers, oliviers, châtaigniers. Produit de souscriptions volontaires, dans le début, les 1,400 francs sont dus aujourd'hui à une imposition communale proportionnelle. La redevance légère (10 centimes) payée par pied d'arbre se partage entre le pépiniériste, qu'elle indemnise des frais d'arrachage, et le Comice.

Ce dernier fait aussi venir annuellement du continent 8,000 kilog. de graines fourragères livrées au prix de revient ; aussi les prairies artificielles gagnent-elles même la haute Balagne.

Quant aux jeunes plantations, on en rencontre à chaque pas. Depuis cinq ou six ans, le Comice a distribué 312,000 ceps du continent français. On aurait tort, d'ailleurs, de penser que l'accroissement des plantations d'arbres se limite aux distributions départementales et communales ; l'esprit pratique des Balanais a bien vite compris que les pépinières étaient bien plus un exemple qu'une mine inépuisable. MM. Rocca Castellani et Antonini trouvent des imitateurs nombreux.

C'est là le service capital rendu par l'institution des pépinières.

mais dominante à la luzerne. Ces alluvions sans fond du Golo, meubles, homogènes, susceptibles d'être arrosées, lui appartiennent naturellement. Peu à peu elle va éclaircir les rangs pressés de ces beaux arbres, et remplacer avec avantage, dans une telle situation, une source de revenus partout compromise dans la région méditerranéenne (1).

A l'abri des berges abruptes du Tavignano, près de Corte, en face du Rotondo et des gorges de la Rostonica, les plantations d'oliviers, de vigne, d'amandiers de M. Palazzi, à *Fossato*, sont mieux appropriées à la situation et au sol. Les espaliers, les treilles, les vergers dans les luzernes, occupent les plans inférieurs, le long des rives. Que de temps et d'argent ont dû coûter à M. Palazzi la mise en culture de ces 14 hectares et les travaux de défense contre le fleuve! Grâce à des soins incessants, les blocs amoncelés sur les bords, surmontés de treilles, à la manière ariégeoise, restent aujourd'hui les seules marques d'une prise de possession qui a dû être si rude. La spécialisation et toutes les pratiques d'une agriculture plus avancée se naturalisant peu à peu à Fossato, les revenus s'y mettront de plus en plus en proportion avec le capital employé et les efforts accomplis.

---

(1) N'oublions pas de signaler un fait important de sériciculture : depuis deux ans, les éducations faites par les Italiens, avec la graine provenant de Porto-Vecchio, ont réussi en Corse, comme les éducations de graine japonaise sur le continent.

Pourquoi faut-il que le concours soit arrivé également trop tôt pour les belles vignes de *Rizzanese*, dans l'arrondissement et dans le voisinage de Sartène ? La plantation récente de M. Filippi, en lignes espacées, est très-bien faite; ses chemins d'exploitation, ses pépinières, sont bien établis. Il n'y a pas quatre ans qu'il achetait les vignes usées qui dominent son jeune vignoble, assis sur un vaste espace alors inculte. Les terres du voisinage, encombrées de cistes, peuvent donner l'idée des travaux qu'il a accomplis en peu de temps. Sa dépense d'établissement égale à peu près aujourd'hui le capital d'achat. Avec la vigueur de végétation qui se montre déjà partout, il touche à cette période de rendement qui récompense les efforts intelligents et ouvre des chances de succès dans un concours.

L'orangerie nouvelle de M. Franceschini, dans l'arrondissement de Bastia, au-dessous de la route de Corbara, vers la mer, et les jardins si connus de MM. Ajaccio et Patrimonio, dans le même arrondissement, peuvent être réunis dans un même groupe par l'analogie des cultures et des procédés d'exploitation. Les réserves et conduites d'eau, les soins d'entretien, les distances observées entre les plants, la taille, tout se ressemble chez eux. La différence dans les frais d'établissement, dans la forme et la construction des terrasses, tient aux situations, nullement aux systèmes.

Le jardin de M. Franceschini est le seul où la commission ait été appelée dans la Balagne (1). On doit y remarquer, avec ses bassins, ses murs de clôture, la succession de ses abris de cyprès contre les vents de mer, un espalier de citronniers de près de 100 mètres de long sur 4 mètres de hauteur, vigoureux, bien garni, chargé de fruits.

A Montesoro, chez M. Ajaccio, c'est la richesse d'un vrai jardin de plantes d'acclimatation cultivées en pleine terre, encadré d'horizons splendides, l'ensemble de toutes les variétés du genre *Citrus*, et le drainage d'un grand champ d'argile compacte ayant rendu la vie à une plantation d'orangers et de citronniers qui commande l'attention.

Il faut peser davantage sur les travaux de M. Patrimonio, à San-Martino, dans la direction de Bastia à St-Florent. On y rencontre un bel ensemble de cultures variées et la trace de pratiques signalant un véritable tact agricole (2).

Un barrage sur le ruisseau de Soverta alimente les réservoirs d'arrosage. Les eaux sont ménagées avec soin, et l'on aime à entendre sortir de la bouche d'un agriculteur qui emprunte tant d'autorité à une si lon-

---

(1) Les belles et anciennes plantations de MM. Mariani, à Aregno, Costa, à l'Ile-Rousse, Antonini, à Pigna, et tant d'autres, eussent pu appeler un examen comparatif.

(2) Les eaux d'irrigation, mêlées aux engrais autour de la ferme et dans les étables, sont accumulées dans un puisard avant de servir à l'arrosage ; les herbes brûlées sous les arbres fournissent des cendres que l'on fait aussi entraîner par le courant des rigoles. Enfin, M. Patrimonio a employé le premier, avec succès, la chaux hydratée avec de l'eau salée contre la fumagine ou le noir des orangers.

gue expérience, des aphorismes féconds comme celui-
ci : « En Corse, durant l'été, on ne devrait pas laisser
arriver une seule goutte d'eau à la mer. »

Aux riches amphithéâtres de citronniers (1), succè-
dent les oliviers, les vignes rampantes inclinées sur
les coteaux (2). Orangerie, vignoble, tout a été créé
par M. Patrimonio. Nul doute que, avec une plus large
dispensation de travail, plus de capital consacré à l'exploitation , il ne fût arrivé à mettre plus en relief
les mérites de San-Martino et à le faire arriver parmi
les plantations primées.

DOMAINES MIXTES NON PRIMÉS.

Nous abordons maintenant un genre de domaines
mixtes où les plantations dominent en général, où se
rencontrent pourtant un centre de travail sinon d'exploitation, les rudiments d'une ferme, telle bâtisse rurale, tel genre d'entreprise excédant l'importance ou
la nature des plantations ordinaires. Chez MM. Arrighi

---

(1) Il y a à San-Martino 2,000 pieds de citronniers, 100 d'orangers, 250 de chinois : la récolte annuelle est de 300,000 fruits.

(2) On retrouve chez M. Patrimonio le système de culture de la
vigne du Cap-Corse. Nous avons dessiné chez lui de vieilles souches de
10 et 12 mètres de long, n'ayant à leur extrémité qu'une seule branche à fruit. Le plus souvent, cependant, elles en ont plusieurs, soit
à bois, soit à fruit, mais toujours très-éloignées du pied et sans nul
rapport d'équilibre avec la force de végétation. Certains cépages, il
est vrai, aiment à ramper et demandent une taille longue : c'est là
une raison suffisante pour les cultiver en treillage, en hautains, pra-
tiquer l'arcure, les pincements, etc. ; mais cela ne justifie pas la
taille et la conduite des vignobles du Cap.

et Tedeschi (1), c'est une porcherie en voie de bon
établissement, peuplée d'espèces anglaises ; des luzernes, des topinambours ; chez M. Martinenghi (2), c'est
un logis de colonage, des écuries, des hangars à foin,
au centre de son olivette; chez M. Orfei (3), les luzernières, la construction d'une vaste bergerie, louée dans
le but d'amasser des engrais ; chez MM. Casanova d'A-
racciani (4), chez MM. Capifali (5), c'est l'étendue des
défrichements et le mélange des plantations et des céréales.

Les luzernières de MM. Arrighi et Tedeschi, ou de
M. Orfei, à *Lerge*, sont conquises à grands frais sur les
alluvions mêlées de blocs énormes roulés par le Tavignano. M. Orfei a présenté, en outre, ses vignes et ses
autres luzernières en terrasse des coteaux de *Ficaccia*.
Le même caractère se rencontre dans les remarquables tentatives de ces trois concurrents. Le trop et le
trop peu s'y mêlent, les efforts et les procédés se pro-
portionnant plus aux facultés financières qu'aux chances probables des rendements et des revenus et aux
prescriptions d'une agronomie prudente. D'une manière générale, il n'y a pas à regretter cette illusion
d'un canton, d'une ville, qui signale tout d'abord à
l'attention des visiteurs un établissement agricole par
cette exclamation admirative : « *On y dépense beau-*

(1) A Lerce, près de Corte.
(2) A l'Olmo, au-dessus des Milelli, près d'Ajaccio.
(3) A Lerce et à Ficaccia, près de Corte.
(4) A Cortina, près de Sartène.
(5) A Luzzipejo, au centre de la Balagne déserte.

coup d'argent ! » Que le capital aille à la terre, c'est déjà un fait important et le signe d'un progrès réel. L'expérience, qui rend féconds ses emplois, se formera d'elle-même. Il faut un pays bien riche et bien avancé en économie pour que tout y commence par des préparations correctes et par des provisions accumulées d'argent, de pratique et de science.

L'inconvénient de ces efforts hâtifs et inexpérimentés, c'est que ceux qui les font les estiment surtout ce qu'ils leur coûtent. Obligés de les peser plus rigoureusement, au point de vue de l'économie rurale, nous ne saurions les louer sans quelque réserve et les encourager aveuglément (1). Ce qui ne mérite que des éloges, c'est le hangar à moutons et le système de litière et de location de M. Orfei, qui se procure, presque sans frais, beaucoup de fumier et un fumier très-actif. Sa bergerie banale pourrait être imitée avec avantage dans toutes les stations de transhumance.

Les cultures de *Cortina* sont plus anciennes; elles embrassent plus d'étendue, une plus grande variété d'objets (2). Ses terres de coteau sont soumises au vieux assolement corse des défrichements, céréales redoublées et long intervalle de jachères; ses terres d'alluvion, à la rotation biennale, maïs, haricots et blé. Ici, on ne fume jamais; là, c'est l'enfouissement des

(1) Il faut convenir, d'ailleurs, que le haut prix des luzernes, dû à l'importance du roulage de Corte, comme aussi le haut prix du vin, explique ces entreprises.

(2) 40 hectares en culture ; le domaine est de 300.

lupins, cette fumure providentielle des sols granitiques, qui entretient la fertilité. La pratique de ces anciennes traditions culturales est aux mains de colons
établis sur le domaine depuis cinq générations et logés
dans des réduits en pierre sèche, bas, obscurs, enfu-
més, nommés dans le pays *arracciani*. Demeures, assolements, dédain des fumiers, instruments, méthodes,
c'est tout cela que le temps et les concours sont char-
gés de transformer, pour apporter, à une sobriété si
forte et à une fidélité de services qui ne se rencontre
plus ailleurs, le bien-être et la rémunération qu'elles
méritent.

Outre ses treillages, conduits à la manière italienne
en bordure, entre les mûriers et arbres à fruit, le vignoble de MM. Casanova d'Aracciani comprend des vignes basses (1) travaillées avec soin, engraissées par

---

(1) Un mot sur la conduite de ces vignes : l'allongement des bras
accuse les vices d'une taille peu en rapport avec l'énergie de la végétation. Le gobelet, d'ailleurs, n'est formé nulle part, la souche
n'étant point dégagée du sol et les coursons jaillissant de terre en
jets prolongés à l'excès et mal soutenus. Quand on laisse deux bourgeons francs, en taillant uniformément sur le cep fourni par le bourgeon de la cime, qui est toujours le plus vigoureux, on arrive vite à
cet allongement démesuré. Afin d'éviter cet inconvénient, dans le bas
Languedoc, on supprime toujours le bois de tête, et on taille sur le
sous-bourgeon ou sur le premier bourgeon, suivant la convenance ;
et même, s'il le faut pour équilibrer la végétation et pousser à la
production, on laisse sur le même bras deux branches provenant du
sous-bourgeon on d'un bourgeon adventif et du premier bourgeon.
C'est ce qu'on appelle la taille à oreilles de lièvre. En Balagne, où la
souche est conduite régulièrement à deux coursons de longueur diffé-
rente, le plus court, appelé *garde*, est une véritable branche de rempla-
cement, destinée à renouveler le *chef* quand celui-ci doit être rabattu

l'enfouissement des lupins, et montrant la régularité
persistante des lignes qui marque, dès Cauro, le progrès de cette culture dans l'arrondissement de Sartène.

Le soin général qui se remarque dans l'olivette de
25 hectares de l'*Olmo*, l'attention considérable de
détail dans l'établissement des *Maggere* (1), dans l'aé-
ration des arbres (2), la vigueur des jeunes oliviers,

---

(1) *Maggere*. On appelle ainsi les murs de soutènement bâtis à pierre sèche, dans les pentes, autour de la *piazzetta* sur laquelle l'arbre
est planté.

(2) La taille de l'olivier, dans toute la Corse, est un simple élagage
qui consiste à supprimer le bois mort et à nettoyer l'intérieur de l'arbre. Dans le Cap Corse et dans la Balagne, on le rabat quand son développement devient excessif. Nous n'avons vu employer nulle part
aucune des tailles à fruit usitées dans tant d'autres contrées où la
culture de l'olivier a un grand développement. Sous un climat ana-
logue au climat de la Corse, cette taille a pour corollaires des œuvres
multipliées. Dans la Pouille pierreuse, par exemple, on bêche jusqu'à
six fois le pied de l'arbre, et le sarclage d'été se fait à *pains de sucre*,
afin de multiplier les surfaces aérées : on ne sème jamais rien sous
l'olivier, et la récolte, concentrée sur les mises nouvelles ou bourgeons supérieurs, que l'on appelle *cimature*, est annuelle.
En l'état actuel de la main-d'œuvre dans l'île et avec cette vigueur
de végétation qu'il semble si difficile de plier au traitement de la
Toscane et de la Pouille, des transformations radicales ne seraient
ni justifiées, ni prudentes. Tout ce qu'on peut demander aux cultivateurs corses, c'est de diriger la croissance de ces beaux arbres, pour
que, toutes les branches pouvant être secouées ou gaulées *in extremis*
aisément sur des tentes, la récolte se fasse complètement et régulièrement à époques fixes. Avec le système actuel, recueillies sans soin,
ramassées à terre, emmagasinées successivement, de bonnes olives
font des huiles mauvaises.
Les fruits arrivant ici à parfaite maturité, la production de la Corse
devrait donner dans l'ensemble des huiles *paillerines*. Bien faites,

comme la régularité des plantations d'amandiers, eussent obtenu une meilleure place dans le concours à M. Martinenghi, si l'ampleur, les soins exceptionnels de préparation et d'entretien donnés chez MM. Pozzo di Borgo et Benedetti aux mêmes cultures ne l'eussent relégué au second plan.

La vigne a aussi sa place à l'Olmo, et la qualité de son vin a valu à M. Martinenghi une médaille d'or à l'Exposition universelle de 1855.

Nous voici transportés à l'extrémité occidentale de l'île, dans la Balagne déserte, sur l'héritage de MM. Capifali. Quelques vieux *pagliaii* (1) marquent çà et là la place des dernières cultures qui se rencontrent entre Calvi et Porto. La mer des makis les cerne de toutes parts. Sur les 260 hectares qui composent le domaine, 90 sont aujourd'hui entourés de clôtures. Au système d'abord employé d'établissement de la vigne en fosses parallèles, va se substituer le défoncement uniforme du sol et la plantation en lignes fixes; à la culture à la main, la culture instrumentale. Le vignoble occupera bientôt 20 hectares : 5,000 francs sont consacrés annuellement au développement de l'entreprise.

Elle ne mérite pas seulement d'être examinée au

---

bien tenues, transvasées ou filtrées au coton, suivant l'usage des Alpes-Maritimes, au lieu d'aller à Marseille pour la chaudière, elles trouveraient à Nice un débouché toujours assuré et un placement très-avantageux pour l'exportation en Hollande, dans la Suisse, dans l'Allemagne.

(1) Le *pagliaio* est l'*arracciano* de la Balagne et de la côte occidentale.

point de vue agricole, il y faut étudier encore un exemple de cette indivision des patrimoines en Corse, sau-
vée cette fois de ses inconvénients économiques par
un esprit de famille qui est ici une rare vertu. Dans
ces champs redevenus sauvages, l'association touchan-
te et patriotique de quatre frères consacre les épargnes
dues à des fonctions publiques à relever autour du *pagliaio* patrimonial un beau centre de cultures vitico-
les (1).

EXPLOITATIONS NON PRIMÉES (2).

C'est plutôt l'étendue (1,000 hect.) que l'adoption d'un
système d'exploitation basé sur les principes féconds

---

(1) M. Capifali, conducteur des ponts et chaussées, dirige les travaux ; ses deux frères, l'un directeur de l'enregistrement en Afrique,
l'autre chef d'un bureau arabe, lui envoient tous les ans 5,000 fr.
pour les continuer. Mme veuve Maret de Bassano, née Capifali, s'as-
socie courageusement à la surveillance exercée par le conducteur.
« Un morceau de pain, et je me sens libre ici ! » nous disait-elle avec
un accent où l'on sentait vibrer un ardent patriotisme. La liberté et
du pain, c'était, en effet, le vieux cri sorti des entrailles même de la
Corse. Grâce à Dieu, la liberté n'exclut aujourd'hui ni les productions rémunératrices, ni la fortune acquise par une exploitation intelligente du sol. La culture, à Luzzipejo, semble d'abord, il est vrai,
en avance d'une situation économique qui tient encore la main-d'œuvre à 30 kilomètres ou à 18, suivant qu'on emploie les *Calenzani* ou
les Lucquois ; mais, par une singularité toute locale, le travail ne s'y
paye pas plus cher qu'à Calenzana même ou à Calvi, les ouvriers
s'établissant à demeure sur les chantiers. Le vignoble va donc se
trouver dans les conditions d'entretien ordinaires de l'île, avec les
avantages de toute la fertilité accumulée dans des terres vierges.
(2) Le *Migliacciaro* avait été désigné par la Société agricole de Corte ;
M. Jauge, auquel est confiée la direction du domaine de M. Fetty-
Plasse, s'est désisté officiellement. *Richesse oblige* : sur une étendue de

de l'économie rurale actuelle, qui a valu au domaine de la *Testa* (commune de Figari) d'être désigné par le comice agricole de Sartène. Son propriétaire, M. François-Xavier Pietri, retenu à la ville par ses fonctions, en abandonne à peu près entièrement la gestion à l'un de ces vieux *fattori* dont les états de service datent presque de l'enfance (1).

10,000 hectares et dans de tels fonds, qu'est-ce qu'une cinquantaine d'hectares de céréales à la main du maître ou baillées à *terratico* ? quelques hectares de prairies de création récente? une belle installation témoignant de l'ampleur des premières tentatives agricoles faites au Migliacciaro? l'exploitation des foins spontanés des alluvions du Fiumorbo? cinquante belles poulinières, etc., etc.? Eclairé par les longues vicissitudes de ces possessions vraiment royales et par la connaissance de plus en plus acquise des difficultés physiques de l'exploitation dans les plaines de l'Est, M. Jauge tend surtout à diminuer les frais de culture proprement dite et de main-d'œuvre. Dans ce but, il a demandé au conseil d'Etat l'autorisation de détourner un cours d'eau voisin pour la création de 500 hectares de prairies. Opérer avec les ressources du sol lui-même, créer des produits avec les revenus, telle est d'ailleurs la condition rude, mais presque forcée, de ces grandes entreprises dans le pays. La propriété rurale est à peine dans le commerce en Corse; le gage hypothécaire y est donc, le cas échéant, à peu près impossible à réaliser. De là, la rigueur excessive des établissements de crédit continentaux à l'égard des emprunteurs de l'île. Le créateur de Casabianda avait encore pu trouver de l'argent; le Crédit foncier de France a refusé à M. Fetty-Plasse 200,000 fr. sur les 10,000 hectares du Migliacciaro.

Il y aurait toute une étude à faire sur le développement de la production et de la richesse par l'organisation du crédit agricole, et sur les conditions spéciales du prêt hypothécaire dans la Corse. Ce qui va être tenté en Algérie pourra servir d'expérience à plus d'un titre.

(1) Le concours des serviteurs ruraux, en Corse, a présenté ce résultat que nul département français ne reproduirait certainement aujourd'hui : sur 80 candidats, 36 avaient plus de quarante ans de service, 53 plus de trente ans.

Dans une étude complète de l'agriculture corse et
de ses transformations, *la Testa* pourrait presque servir comme type du point de départ pour arriver, de
gradation en gradation, aux domaines qui ont eu les
honneurs du concours. A ce titre, il y aurait un grand
intérêt à l'étudier avec détail (1). Au moment de la visite, le progrès de l'exploitation se faisait sentir dans
la sole entière des céréales, portant les marques d'une
assez bonne préparation, et dans la mise en valeur de
douze mille pieds de chêne liége disséminés dans les
cultures ou dans les makis.

L'imitation des plantations d'amandiers de M. Benedetti, que nous rencontrerons bientôt parmi les concurrents heureux, le bon établissement des écuries, de beaux
attelages de bœufs italiens, des défrichements considérables, des cultures maraîchères faites en grand sur

---

(1) Le revenu principal est encore dû à la pâture. Mille à douze
cents chèvres ou brebis, quatre-vingts bêtes à corne en forment habituellement le cheptel. Grâce aux qualités salines des pâturages de
Figari, les troupeaux rapportent ici plus qu'aux environs d'Ajaccio,
et les chevriers, bergers et bouviers, y vivent bien. Du reste, nulle
stabulation : un énorme lentisque entouré de blocs de granit, auprès
du logis, sert de toit et d'abri, exceptionnellement, suivant les besoins. On va chercher au makis les bêtes de labour quelques heures
avant l'aube. En dehors des cultures à moitié fruit des bouviers, elles peuvent être louées, soit aux bergers de brebis pour la préparation des parcelles sur lesquelles ils exercent leur *suale* ou droit de
parcage, soit à des colons, de septembre en février, pour l'exploitation des champs pris à *terratico*.
L'absence du maître, l'immensité du domaine, l'insalubrité du littoral, autant de graves obstacles qui retardent, à la Testa de Figari,
les transformations agricoles.

les rives de l'étang de Biguglia, ont arrêté la commission à *Porrettone*, chez M. Maggi. Dans quelques années, il aura créé un beau domaine sur un territoire en partie ingrat et hier encore tout à fait improductif.

C'est sur les bâtiments de ferme qu'il convient surtout de fixer son attention chez M. le commandant Filippi; on a, en effet, sous les yeux, à *Vallicelle*, le premier type des établissements ruraux actuels de la Casinca (1). Le mérite de les avoir appropriés au climat et aux conditions de l'agriculture locale revient à M. Filippi père, qui a fait aussi toutes les plantations, et constitué un personnel de serviteurs dévoués, vieillis sur le domaine, qui ne quittent guère la ferme que deux mois de l'année (2).

La plantation déjà commencée de 10 hectares de vigne, au tènement de Saint-Just, sur défoncements énergiques, et le nivellement préparé de 40 hectares, sous le canal d'irrigation de la Casinca, vont donner à Vallicelle une importance que de nouveaux concours ne manqueront pas de consacrer.

Non loin de *Vallicelle*, le domaine de *Vignale*, ap-

---

(1) Voir la description de la ferme de Campo-Magno, qui a obtenu la prime d'honneur des exploitations.

(2) Malgré l'insalubrité, la Casinca n'a jamais cessé d'être cultivée, du moins en partie.

L'histoire de *Vallicelle* offre un renseignement curieux sur les variations de la valeur vénale du sol dans cette portion de la Corse. En 1601, l'hectare de terre cultivée s'y payait 80 livres de Gênes ou 64 francs; en 1815, l'hectare de terre inculte, 150 francs; l'hectare de terre cultivée peut être estimé en moyenne 600 francs en 1865.

partenant à M. le sénateur Casabianca, nous a offert
des essais multipliés et très-intéressants : la garance
et le tabac (1) ayant une place dans l'assolement, des
cultures de coton, un beau clos de bigarradiers, bien
établi sous ses abris de cyprès, des luzernes hersées,
de beaux trèfles incarnats, vingt têtes de bétail à corne
à l'étable, nombre d'instruments perfectionnés.

Le souffle du progrès a passé partout; une certaine
faiblesse générale dans l'exécution annonce seulement
que l'impulsion vient d'un peu loin. Une inspiration
continentale éclairée, comment suffirait-elle à tout
transformer à la fois dans un pays où tant de choses
sont à renouveler ?

Cependant, c'est à *Vignale* que nous avons trouvé
la seule vigne conduite en gobelet, plantée, travaillée,
taillée à la manière de l'Hérault avec une régularité et
une intelligence remarquables, M. Casabianca ayant eu
la prévoyance d'envoyer son vigneron se pénétrer sur
place de la pratique du midi de la France continentale.
En menant uniformément à deux bourgeons francs,
dans un sol si fertile, sauf l'emploi par places, et suivant la vigueur des pieds, de toutes les ressources accessoires de taille destinées à équilibrer la production
et la végétation, qui sont en usage sur le littoral méditerranéen, on arriverait à augmenter considérablement le produit moyen, et le clos de *Vignale* pourrait

---

(1) Le tabac végète très-bien en Corse, mais il ruine le cultivateur,
les prix donnés par la régie n'étant pas rémunérateurs, eu égard au
prix de revient. Il en faut dire autant du coton, et généralement de
toutes les cultures qui exigeraient trop de main-d'œuvre.

utilement être offert en exemple à presque toute la culture viticole de la Corse (1).

La série des plantations et exploitations non primées se termine à la propriété de *Villa*, dans la banlieue de Corte, appartenant à M. Antoine Pietri.

Une prise d'eau sur le Tavignano, que l'on rencontre avant d'arriver aux bâtiments d'exploitation, a permis d'arroser une portion notable du domaine, des luzernières, des jachères qui deviennent ainsi spontanément de bonnes prairies bisannuelles, bien garnies de trèfles, fournissant un assez bon fourrage et un pâturage abondant. Les fumiers de l'écurie et de la bergerie sont traités avec soin, distribués sur les cultures sarclées et sur les luzernes. L'assolement a été amé-

---

(1) La vigne en plant d'aramon est taillée seulement à un bourgeon franc ; son rendement ordinaire est de 80 hectolitres à l'hectare.

Nous y avons dessiné sur place des souches taillées de la main de M. le docteur Guyot, dans ce rapide voyage qui a fourni au célèbre écrivain l'occasion de passer deux fois la mer (*Journal d'agriculture pratique*, du 20 mars). La commission s'est montrée unanime pour prémunir la pratique locale contre ces applications hâtives, dont une expérience prudente pourra seule indiquer la valeur.

La taille de l'une de ces souches, véritable variation jouée sur le thème improprement appelé *taille Guyot*, pouvait passer pour une expérience à outrance sur la fécondité du sol et la générosité du plant d'aramon. On ne saurait admettre qu'un tel spécimen puisse être laissé à titre d'exemple. Pour un vigneron instruit, semblable taille ne peut être que préparatoire, et suppose l'intention de suppressions nombreuses à la taille suivante. Mais comment ne pas s'effrayer alors de l'imprudence qui livre de tels sous-entendus à l'inexpérience des viticulteurs corses ? A peu près dans tous les arrondissements, le système Guyot, mal compris et plus mal appliqué, a donné lieu à des tailles de fantaisie, aux essais les plus bizarres.

lioré, des défrichements, des minages (1), des nivelle-
ments successifs, ont amené trente-six hectares à un
bon état de culture, et transformé des étendues de
Mucchio (2) en bonnes terres à luzerne.

Cet ensemble de progrès accomplis lentement, tendant à recevoir chaque année un complément utile, ne
saurait être trop recommandé à l'imitation des cultivateurs de l'arrondissement de Corte. Le domaine de
Villa est, avec le domaine de *Vignale*, celui qui a le
plus approché des primes d'honneur.

PRIMES DES PLANTATIONS.

M. LE Dr VERSINI. — *La Sorba et San-Biaggio,*
(banlieue d'Ajaccio).

C'est ici qu'il faut venir apprendre au prix de quels
efforts s'établit une orangerie dans les plis du golfe
d'Ajaccio.

---

(1) On peut se faire une idée des frais de ces minages avec les
données suivantes : 4 ares de terres défoncée récemment avaient
coûté 120 francs; la surface était couverte de cailloux et de blocs
roulés, représentant 35 0|0 de la couche minée, qui devaient être
jetés dans le lit du Tavignano.

A ces difficultés de travail s'ajoutent les dommages causés aux
plantations et aux cultures par les bergers nomades. On s'en plaint
à Corte encore plus qu'ailleurs. M. Pietri nous montrait des chênes
liéges et des chênes verts mutilés et dévastés malgré lui, durant les
neiges de l'hiver dernier, pour nourrir des troupeaux affamés. On
ne peut pas dire, cependant, que la loi sur le parcours ne soit pas
appliquée. Sous son empire, les amendes de police rurale ont plus
que triplé; malheureusement, le dénûment mobilier, et souvent l'in-
solvabilité réelle des délinquants, rendent la répression illusoire.

(2) Makis de ciste.

Deux vallons, hier encore en makis, se transforment
en terrasses. Maisons de jardinier, chemin d'exploitation sur grands remblais pour la conduite des fumiers,
murs de soutènement étagés, défoncements énergiques,
enfouissement des blocs et des débris infertiles, re-
troussis et réserves d'humus pour la surface, sources
captées avec art, réservoirs successifs, tout excite l'attention. Les lignes régulières des arbres et des cultures maraîchères aboutissent déjà au makis, pendant
que les fossés d'enceinte attendent les clôtures, et que
les tranchées de minage encore ouvertes laissent voir
à nu la charpente intérieure de ces édifications coû-
teuses. Dans cette ardeur, qui veut atteindre à tout à
la fois, on surprend, non sans émotion, ce désordre
généreux des créations agricoles, qui en impose quand,
les révoltes de la nature s'y montrant encore, on la
sent déjà domptée par la volonté d'un homme.

Au sortir de ces terrains bouleversés, on traverse
des défrichements ensemencés en céréales, des massifs
de chênes liéges, un autre jardin ancien de M. Versini,
remarquable par la beauté des arbres et la beauté du
site, et l'on arrive à des collines maigres, tourmentées,
que des gradins réguliers suivent dans leurs contours.
Ce sont les bornes et les abris naturels d'autres jardins
qui envahiront bientôt les vallées. Ils sont complantés
d'amandiers et d'oliviers qui commencent à végéter
dans les sables granitiques. La persistance des arbou-
siers et des cistes atteste çà et là la nouveauté de la
conquête.

La commission a visité un peu au hasard tous ces
beaux travaux de transition, sur les indications d'un

enfant; le domaine était désert; un deuil récent absor-
bait la famille et les serviteurs. C'est au sommet de ces
collines mêmes que M. le docteur Versini avait été apporté la veille dans sa chapelle. La vue de ce tombeau,
qui réveille d'ordinaire chez les continentaux, habitués
à cantonner la mort dans les cimetières, des impressions pénibles, n'apportait cette fois à notre esprit que
la vivante image d'un soldat continuant à commander
par l'exemple sur son champ de bataille. En souhai-
tant aux continuateurs naturels d'une telle entreprise
une persévérance égale à la hardiesse qui marque ses
débuts, le jury la distingue par une *mention très-honorable.*

M. LECA (Noel-Antoine). — *Effrico et Butroni (arrondissement d'Ajaccio).*

Quand on laisse à droite le Campo di Loro pour remonter le cours de la Gravone, par la route d'Ajaccio
à Bastia, on aperçoit sur une butte les restes de l'ancienne manufacture de tabac. C'est au pied et à l'abri
de ces ruines, comme dans une serre chaude naturelle,
qu'il faut aller chercher le jardin de M. Leca, cultivateur et pépiniériste. L'atmosphère y est tiède, le sol
riche, profond, frais, bien arrosé à la fois et bien as-
saini par une large rigole. Le propriétaire ayant ajouté
à ces bonnes conditions naturelles un abri de pins piniers vers le nord-est, un abri de cyprès au sud-ouest,
Butroni est un lieu d'élection pour la culture de l'oranger et du citronnier.

La beauté des arbres répond à cette situation; ils

6

jouissent ici de toute la plénitude de leur vie végétati-
ve. Ailleurs, l'oranger a un aspect vivace, mais dense,
concentré; parfois il porte vers la cime la trace d'un
hiver trop long, d'un courant d'air ennemi; le citronnier est bien plus sensible encore. Chez M. Leca, l'expansion de la sève est si spontanée et si libre, qu'elle
a surpris même l'expérience d'un excellent praticien.
Plantés à la distance usitée (de 5 mètres), ses arbres
paraissent beaucoup trop rapprochés, et le défaut d'air
et de lumière semblerait devoir nuire à la production.

Elle est cependant remarquable, et tel pied franc
de Portugal de seize ans de plantation, mis en place à
huit ans de semis, mesurant 30 centimètres de diamètre et 7 mètres de hauteur, a fourni cette année
2,400 oranges.

On peut avoir par là une idée de l'accroissement
que prendrait dans l'île ce genre de produits, si, par
une application persistante attachée au choix des espèces, on assurait le débouché, en fondant sur le continent la réputation de toutes les oranges corses, comme est fondée celle de Malte, de Portugal, de Major-
que, celle de Barbicaja.

Nous ne faisons que traduire la pensée de M. Leca
en insistant sur ce point. Ses recherches de variétés
sont incessantes (1), et font, autant que leur développement exceptionnel, l'intérêt de ses pépinières.

---

(1) Outre les citrons, il cultive le portugal, la mandarine, l'orange
de Malte ordinaire et rouge, de Sicile, l'espèce Victor-Emmanuel de
Gênes, des variétés du Brésil.....

Il a apporté à l'étude et à la propagation des bons cépages la même attention (1).

On sent en lui une ambition agricole qui ne se ralentit pas; son jardin, créé il y a trente ans, ne lui semble jamais assez pourvu.

Cet esprit de progrès, cette confiance dans le sol corse et dans ses merveilleuses ressources, il l'a d'ailleurs inspirée à ses deux fils : l'un et l'autre, parvenus à l'âge d'homme, ayant reçu une bonne éducation, affirment leurs goûts de culture en apportant aux efforts de leur père le secours de leur travail et de leurs connaissances acquises. « Point de fonctions, nous disait M. Leca, eux et moi nous voulons nous faire une indépendance avec nos bras (2). » C'est là une famille vraiment agricole et un grand exemple.

Devant une alliance dans une telle ardeur, qui doit être si féconde, la commission a vivement regretté que la tenue culturale de l'ensemble des jardins ne permît pas de faire arriver Butroni sur les premiers plans.

Il n'était pas possible, cependant, de laisser sans récompense ce vaillant amour du travail, cette initiative

---

(1) Plants corses : aleatico, sciaccarello, vermentino, barbarossa, etc....; teinturiers : bonifacino, moreno; pelope à grains blancs, excellent raisin sec; variétés de raisins sardes rouge et blanc, spécialité pour la conserve; raisin de Morée importé par le général Sébastiani; muscat d'Alexandrie; tous les cépages de vins à liqueurs du midi de la France, etc.....

(2) Outre son jardin, M. Leca possède 26 hectares de vignes, prairies et céréales jusqu'ici données, ou plutôt abandonnées, à moitié fruit, qui vont offrir un champ d'activité raisonnable à ces trois hommes de bonne volonté.

rare dans une semblable condition. Le mérite du propriétaire de Butroni, la prédominance des plantations dans le concours, ont amené le jury à demander une médaille d'argent supplémentaire; elle l'a obtenue de Son Altesse Impériale et la décerne à M. Leça.

M. PORRI, *à San-Biaggio (banlieue d'Ajaccio).*

Le domaine de M. Porri occupe une des belles vallées qui encadrent le golfe d'Ajaccio, et qui réunissent sous un ciel admirable l'ampleur des horizons de mer à l'éclat varié d'une riche végétation; un mur de clôture le sépare des possessions de M. Versini. Si ce dernier ne nous eût initié au secret de ces préparations dispendieuses, l'orangerie de San-Biaggio l'eût presque dissimulé sous le charme naturel d'une œuvre achevée (1).

Nous avons peu de chose à dire des oliviers et des amandiers de M. Porri, à peu près livrés à la nature; mais il faut s'arrêter davantage à son vignoble. On y trouve la culture traditionnelle de l'arrondissement; elle va donner lieu à des remarques importantes.

Les vignes de San-Biaggio, avec leurs creux parallélogrammatiques, irrégulièrement disposés, tournés en

---

(1) Contenance : 8 hectares, moitié en jardin, moitié en vigne, oliviers, amandiers, sol uniformément granitique, comme dans toute la partie occidentale de l'île.

tout sens, offrent l'aspect commun à tous les coteaux d'Ajaccio, qui semblent semés de fosses-trappes. C'est le produit du provignage en fosse érigé en système permanent (1). Plantation au fond de tranchées ouvertes parallèlement, méthode de terrages successifs semblables à l'ancienne culture de l'asperge sur le continent, conduite, taille, soins d'entretien, système de renouvellement, ont également attiré, par leur étrangeté, l'attention du jury.

Tout était nouveau pour nous dans de semblables pratiques, et nous avons apporté à les contredire la réserve naturelle à des cultivateurs habitués à tenir grand compte de ce qu'il y a de relatif dans les applications agricoles, et de la valeur des traditions cultu-

---

(1) On devinerait difficilement au désordre des ceps qu'ils ont d'abord été plantés en ligne. Cependant, la première année, le sarment a été couché dans des tranchées parallèles de 1 mètre de profondeur, en travers des fosses sur toute la largeur, légèrement recouvert de terre, la tête relevée contre l'une des parois. La deuxième année, on taille à un œil franc, et on recouvre de nouveau avec les déblais aérés du fossé ; la troisième, on taille à deux yeux et on recouvre de même ; la quatrième, on forme les bras, etc.... Le provignage commençant, les lignes disparaissent, les distances ne sont plus uniformes, le désordre croît à proportion de l'âge de la vigne, l'aspect de la surface est bientôt à désespérer un vigneron du continent.

Que serait-ce si, par l'imagination, on supprimait, dans un vignoble hors d'âge, la couche végétale, et si l'on cherchait à se rendre compte du croisement inextricable, du prolongement, de la course des racines dans les couches souterraines? Bras, chevelus, jeune bois, vieux bois, bois mort, tout se mêle et se dévore; tel cep centenaire va nourrir des coursons multipliés à 20 mètres de son premier gîte. C'est, en végétation, l'image de la parenté corse qui s'étend si généreusement et à l'infini.

rales. Toutefois, quelle que soit la part à faire à l'influence des milieux, on ne prescrit par la longue possession, ni contre les lois de la physiologie végétale, ni contre les lois générales de la culture et de l'économie.

Il n'y a point à s'étendre, dans un rapport succinct, sur ce que renferment les publications spéciales au sujet du provignage employé à la place du rabaissement et de la greffe, comme moyen unique de rajeunissement de la vigne. Vous y trouverez, au nom de la science comme de la pratique, la condamnation de votre système ; et vous l'y trouverez d'autant plus, que ce système est ici appliqué avec une généralité qu'il n'a, au même degré, dans aucune contrée viticole.

La méthode de plantation en fosses, à un mètre de profondeur, soulève des objections analogues. Vous la justifiez par la préoccupation d'une sécheresse excessive, sous un ciel brûlant, dans un sol siliceux et granitique, sans être parvenus à nous convaincre. Il existe, en effet, dans le midi de la France, sur tout le littoral qui vous regarde, de vastes étendues, des départements entiers où se rencontrent toutes les variétés de sols secs, privés de pluie comme vous, souvent pendant plus de six mois, sans avoir la ressource de vos rosées abondantes. Avec un défoncement de 50 centimètres, la disposition des plantes en lignes espacées, un bon outillage, un cheval ou mulet de force moyenne, il n'y a pas de vigne, plantée à 25 centimètres seulement de profondeur, qui n'y défie le soleil. Suivant une expression devenue populaire dans ces pays, *on ar-*

rose à la bèche, à la charrue, à la houe à cheval (1). »

Comment justifier également, au point de vue économique, dans un pays où la grande difficulté c'est la main-d'œuvre, l'échalassage, le désordre des ceps, tout ce qui retarde, en un mot, l'adoption des instruments donnant du travail à bon marché?

Rien ne prouve mieux ces difficultés de main-d'œuvre que l'aveu échappé à un viticulteur corse : « *Il ne fumait pas ses vignes, parce qu'il eût fallu les biner plus souvent!* »

M. Porri comprend mieux la valeur des engrais. C'est leur utile emploi, et la sagacité économique d'un petit service de transport et d'exploitation des fumiers d'étable d'Ajaccio, qui a d'abord appelé sur la portion véritablement intéressante de son domaine la faveur du jury.

Le jardin de M. Porri forme un vaste hémicycle de gradins ou terrasses superposées, complantés d'orangers et de citronniers.

Une source, un réservoir ou des réservoirs successifs sur les divers plans de culture, et un système complet d'arrosage, tel est l'accompagnement essentiel d'un verger des espèces *Citrus.* L'aménagement de San-Biaggio peut, sous ce rapport, être offert de tout point

---

(1) C'est-à-dire que, par un travail fréquent, en ameublissant la surface, en empêchant la formation des croûtes et des mottes, on établit entre le soleil et le sous-sol un écran homogène de terre pulvérisée, ralentissant l'évaporation des eaux souterraines, retenant l'humidité dans une couche où elle profite aux racines, et absorbant mieux les rosées.

en exemple. Ses murs de soutènement sont établis avec
une solidité et une régularité qui frisent le luxe, et
bordés au pied par des rigoles en pierre de taille et
ciment dallées de briques vernies. Pas une goutte d'eau
ne se perd.

Le dessous des arbres est occupé par des cultures
maraîchères. Une bonne économie rurale tendant de
plus en plus à la spécialisation des cultures, suivant
les affinités du sol, il y aurait lieu de se demander si,
en la pratiquant bien, on n'arriverait pas à dépasser
les bénéfices du régime actuel, même aux abords d'une
grande ville. C'est une question de comptabilité que
nous conseillons au propriétaire de San-Biaggio de
résoudre par des essais partiels comparatifs (1).

On doit louer chez M. Porri la tendance à essayer
des espèces nouvelles. Avec le portugal, la mandarine,
la sanguine, on trouvera bientôt en plein rapport nombre de pieds greffés d'une variété de Blidah, se conservant sur l'arbre sans se vider, se prêtant ainsi aux
spéculations de luxe (2).

Il est temps d'en venir à l'état de culture de l'orangerie. C'est la seule avec la prime d'honneur, que nous
ayons trouvée en véritable tenue de concours. Elle
nous a donné la mesure de ce que peut un jardinier
corse quand il s'adonne de cœur et d'âme à l'horticul-

---

(1) Dans l'état actuel, les 400 pieds d'orangers ou de citronniers
disséminés sur ces 4 hectares rapportent, travaux et frais extraordi-
naires déduits, 4,000 fr. à partager avec le jardinier.

(2) Nous l'avons trouvée très-agréable au goût, malgré le retard
de saison en 1864, dès le 17 mars.

ture. Une large part des éloges dus à M. Porri revient
à Xavier Pompeani et à son jeune fils. Leur nom devait être proclamé avec le sien : c'est, en effet, aux
soins minutieux de la culture, aussi bien qu'à l'emploi
des fumiers et à la disposition excellente du système
d'irrigation, que la commission d'examen a attaché la
médaille d'argent de Sa Majesté.

M. C. BENEDETTI, *à Dragoni de Bivinco*
(arrondissement de Bastia.)

M. Benedetti a rapporté en Corse les savantes traditions agricoles de Grignon.

On doit s'attendre à trouver chez lui les bonnes méthodes, appliquées avec la sûreté qu'ajoute une longue
pratique à une éducation agronomique complète.

C'est là, en effet, le caractère distinctif et le mérite
hors ligne des plantations de Dragoni.

Il est impossible toutefois d'aborder ces récents travaux, sans dire un mot des services antérieurs rendus par M. Benedetti à l'Arena, bien que l'Arena, établissement de l'État, subventionné par l'État, n'ait pu
entrer en concours.

En dehors des obligations officielles de la pépinière,
qui ont été remplies avec une sorte d'éclat, le propriétaire de Dragoni de Bivinco y avait donné l'exemple
d'une culture rationnelle, progressive, adaptée avec
sagacité aux conditions géologiques et physiques de
son exploitation.

C'est là que la Corse a pu voir pour la première fois
une préparation complète de culture, des labours pro-

fonds avec des charrues de fer Dombasle suivies de la
herse, les sarclages avec les instruments perfectionnés,
les plombages, les assolements appropriés aux variétés
du sol, l'alternance des trèfles et du blé, l'établissement en grand et l'entretien des luzernières (1), le soin,
la meilleure utilisation, la tenue excellente des engrais.

Il y a dix-huit ans, l'Arena était en friche. M. Benedetti y entrait sous la terreur de ce dicton populaire :
« *Chi coltiva nell'Arena del molino perde la via.* » Il n'y
a pas aujourd'hui un cultivateur avisé de l'arrondissement qui n'ambitionne de lui succéder à l'Arena.

Vers 1859, il acheta, au prix de 8,449 francs, frais
d'acte compris, 50 hectares de landes dévastées et maigres, sur le plateau d'argile compacte mêlée de cailloux roulés qui domine les pentes fertiles de l'étang
de Biguglia, entre le Golo et le Bivinco. Au prix d'a-
chat, il faut joindre la quotité de l'impôt pour avoir
une idée de la valeur du sol : Dragoni paye 14 francs
de contribution.

Quel profit tirer de cette terre stérile et rude, à la
fois trop humide et trop sèche, dans une zone insalubre, avec la main-d'œuvre, à 15 kilomètres? Le problème était ardu. On l'a résolu à Dragoni en choisis-
sant la nature de produits arbustifs qui convenait seule
à ces terrains et qui exigeait le moins de travail.

---

(1) A son entrée à l'Arena, M. Benedetti a dû se pourvoir de se-
mences de luzerne et de trèfle à Avignon; aujourd'hui, il se vend
chaque année, à Bastia seulement, 100 balles de luzerne et 20 balles
de trèfle. Ce seul fait met en saillie et l'importance des exemples de
l'Arena, et le progrès des prairies artificielles en Corse.

A part les défrichements et les drainages exécutés suivant les usages ordinaires, tout serait à décrire, parce que tout est bien dans les opérations de culture qui ont amené ces riches cordons d'amandiers (1) et de vigne à l'état de régularité et de prospérité où nous les trouvons.

Les 50 hectares ont d'abord été divisés en huit compartiments et en deux lots, afin de faciliter les locations de pâture et de colonage.

Bien que les arbres se présentent uniformément à sept mètres en quinconce, les plantations ont été faites de deux manières, après essais comparatifs.

On a planté d'abord sur la ligne médiane de l'intervalle des drains, dans des fosses de 1^m cube de déblai; mais les plus minutieuses précautions dans le choix du plant et la mise en place (2) assuraient mal la reprise. Il a fallu procéder autrement et placer l'amandier sur la ligne même du drainage. Les manques, de 30 pour 100, dans la première méthode, sont descendus à 1 1|2 pour 100 dans la seconde.

La disposition de la vigne a dû se ressentir de ces modifications. D'abord en rangées doubles sur les

_____

(1) Il y a vingt ans qne l'amandier n'était cultivé en grand que dans la Balagne. A Corte, on ne tirait guère parti que des fruits frais. Les premières plantations importantes de l'arrondissement de Bastia datent de 1845; elles sont dues, si je ne me trompe, à M. Gavini.

(2) Toutes choses prêtes pour la plantation, les plants triés dans les pépinières de l'Arena, dont les rebuts pourraient passer ailleurs pour des plants de choix, étaient mis en jauge à Bivinco, et retirés au moment même de la mise en place. Chaque arbre est attaché, avec de la paille entre les liens, à un tuteur qu'il garde jusqu'à une majorité de quatre ans de plantation.

drains, entre les cordons d'amandiers, elle se trouvera, dans la plus grande partie du domaine, sur la ligne même des arbres, à un seul rang et à 1 mètre.

7,200 pieds d'amandiers sont déjà en place : les plus âgés ont quatre ans. Ce sont de beaux arbres à écorce lisse ; la tête, régulièrement formée, a 1^m, 40 au-dessus du sol. Une taille classique, à deux bras bifurqués successivement, leur a donné un évasement presque mathématiquement pareil : ils jettent déjà quelques fruits. L'aspect de chaque série est remarquable d'homogénéité et de vigueur.

La culture à la main réduite, par ces dispositions ingénieuses, au septième de l'espace complanté, les six septièmes entre les plantations restent le domaine de la charrue, des extirpateurs et de tous les instruments de travail rapide.

En un an, la plantation de Dragoni sera achevée ; le bâtiment avec séchoir pour 400 hectolitres d'amandes sera terminé : M. Benedetti aura dépensé 58,500 fr. Il n'a retiré de ses avances, en 1864, que 850 fr. ; en 1865, le revenu s'élèvera à près de 2,000 fr. Mais, si l'on se porte à dix ans en avant, au moment de la production moyenne des plantations, on le voit, en calculant au plus bas (1), se préparer un intérêt de

---

(1) M. Benedetti établit ainsi son compte de revenu, les amandiers étant en rapport :

1° Locations de pâtures à 48 fr. l'hectare . . . . 1,600 fr.
2° Demi-décalitre d'amandes par pied d'arbre, à 2 fr.
le décalitre (la valeur moyenne actuelle est à 3 fr.) . . . 8,000
300 hectolitres de vin · · · · · · · · · · · · · · · · 2,000
                                                         ——————
                                                         11,600

10 pour 100 au moins sur son capital d'achat ou de création foncière.

Des hommes comme M. Benedetti poursuivent un double succès : la réussite personnelle et les progrès de la culture dans le cercle où s'exerce leur action. Ce dernier but, le plus désintéressé, est déjà atteint (des traces d'imitation semblent étendre chez ses voisins le domaine de Dragoni au delà de ses limites véritables); l'autre ne peut l'être que par le progrès naturel des années. Justesse de vues, perfection dans l'exécution, création de toutes pièces, valeur d'exemple, mérite de premier ordre, se trouvent réunis chez M. Benedetti. Ils n'eussent pas laissé un instant la commission incertaine, si la jurisprudence constante de la prime d'honneur sur le continent eût permis de la décerner avant les résultats pécuniaires acquis. Encore dans sa période de création, Dragoni de Bivinco conserve une place à part dans le concours. Le second rang ne lui enlève rien de ses mérites exceptionnels; il constate seulement l'âge des travaux de M. Benedetti. Par la faute du temps, non par sa faute, il lui a manqué cet état de production que couronne la prime d'honneur. Heureux pourtant ceux à qui il est permis, ceux à qui il est légitime d'exprimer de tels regrets en leur donnant la médaille d'or de l'Empereur.

MM. SPOTURNO. — *Barbicaja (arrondissement et commune d'Ajaccio).*

Avons-nous cédé au prestige que Barbicaja exerce déjà sur le continent français, en lui donnant la prime d'honneur des plantations? Vous allez en juger.

La contenance totale du domaine est de 35 hectares, dont 17 seulement sont en culture. Les sommets,
encore couverts de makis, présentent de nombreux
pieds d'oliviers que l'on a greffés sur place.

Le mûrier à part et le châtaignier, nous allons trouver ici l'ensemble des cultures arbustives de la Corse,
échelonnées presque suivant leur importance relative.

L'olivier occupe 5 hectares d'un seul tenant; 4 hectares en céréale et jachère reçoivent de jeunes plants
greffés au fur et à mesure de leur croissance. Partout
où la configuration de ce sol accidenté l'a permis, les
plantations ont été faites en ligne; les arbres sont bien
travaillés et d'une belle venue.

Avec la vigne (2 hectares), l'amandier et les arbres
fruitiers (4 hectares), l'oranger, le citronnier, les cultures maraîchères (2 hectares) complètent les plantations.

Enfin, des plantes accessoires, telles que le palmier (1), le pin pinier, le *cactus opuntia* ou figuier
d'Inde (2), trouvent leur place dans cet ensemble de

---

(1) A l'imitation des cultivateurs de San-Remo, dans la rivière de
Gènes, MM. Spoturno vont faire du palmier le but d'une véritable
exploitation. Nous avons trouvé à Barbicaja 300 pieds en pot. Une
fois en place, le palmier ne réclame plus aucun soin.

(2) Le figuier d'Inde, d'une reproduction si facile, en demande
bien moins encore. Propagé au moyen d'une simple raquette fichée
en terre, le cactus produit au bout de cinq ans. A dix ans, la production est complète. Recepé, il pousse avec une vigueur luxuriante
et donne du fruit dès la première année. Le goût des habitants assure le débit. Dans cette exposition méridionale, les figues de Barbicaja jouissent à Ajaccio, comme celles de Cargese dans les montagnes de l'intérieur, de tous les avantages des primeurs.

productions, là où l'exploitation de toute autre espèce végétale serait impossible, et elles ajoutent, sans frais, au revenu net.

En apprenant de MM. Spoturno que les palmes d'un seul arbre donnent annuellement de 15 à 20 francs (1) (autant qu'un bel oranger!) et que leurs figuiers d'Inde, disséminés dans les blocs de granit, rapportent chaque saison un millier de francs, nous étions ramenés à une observation qui se présente souvent à l'esprit, en Corse : combien le produit des végétations spontanées serait à décourager de la culture, si l'on ne savait ce que la main et l'intelligence de l'homme doivent ajouter aux ressources naturelles du sol. Il est certain que, dans un autre âge économique, et dans un pays où la sobriété traditionnelle réduit à ce point les besoins et l'empire du corps, ce fait a pu servir d'excuse à la langueur agricole des habitants.

L'orangerie de Barbicaja est fort ancienne. C'est l'aîné des jardins de la partie sud de la côte occidentale, comme Aregno des jardins de la partie nord de la même côte, dans la Balagne. Les colosses de Santa-Reparata sont du même âge. Il reste à peine deux ou trois vieux témoins de cette belle création; les arbres ont été renouvelés peu à peu. MM. Spoturno ne demeurent pas, d'ailleurs, tranquillement assis dans la réputation faite de leurs orangers. Quatre terrasses nouvelles ont été établies dans un vallon supérieur au nord-ouest, et un

(1) On lie le palmier en faisceau, pour maintenir les palmes tendres et dorées, et on les vend à la ville, le dimanche des Rameaux.

nouveau clos se prépare, à l'abri de 500 pins piniers (1), plantés récemment, dans la même direction. Là sont formées les pépinières d'une végétation moins active que celles de M. Leca, mais suffisantes et remarquables par le soin et la propreté.

Ce qui a été dit de l'établissement du système d'arrosage de San-Biaggio nous dispense de décrire l'ensemble de Barbicaja. C'est ici que le prédécesseur de M. Porri, M. le conseiller d'Ornano, est venu s'inspirer d'un aménagement parcimonieux pour la distribution des eaux, et, s'ils ont le même mérite, les droits de priorité assurent l'avantage à MM. Spoturno.

Comme M. Porri, ils amènent d'Ajaccio des quantités considérables de fumier (2). La tenue des deux jardins est la même, bien que les cultures maraîchères soient ici reléguées vers la mer et les côtes, au-dessous de la zone des arbres. Orangers, oliviers, amandiers, sont également séparés à Barbicaja, suivant l'exposition ou la nature du sol, une sorte d'instinct pratique ayant fait deviner aux propriétaires ce grand principe de la spécialisation que nous recommandions à leur concurrent.

L'arrosage se fait pour les orangers et pour eux

---

(1) Quelques très-beaux pins isolés ont indiqué l'aptitude du sol, qui a été judicieusement utilisée.

(2) Chaque pied en reçoit un cinquième de mètre cube, régulièrement tous les deux ans. Le fumier s'enfouit en automne dans une large fosse creusée autour de l'arbre, à 0^m,50 du tronc; plus rapproché, il brûlerait. D'ailleurs, il y a toujours danger à blesser d'un coup de bêche le collet ou les racines d'insertion dans les arbres du genre *Citrus*.

seuls, nulle autre culture n'étant admise à leur ombre (1). Une pratique complémentaire excellente consiste à pailler le pied des arbres, afin d'éviter l'évaporation. On sent que l'oranger est ici la culture maîtresse : la taille, comme la fumure, s'y trouve soumise à un assolement réglé (2).

On évalue au-dessus de 400 pieds les arbres en rapport. L'espèce de Barbicaja, reproduite par semis, y domine à ce point que les chances d'hybridation sont presque nulles. Elle se perpétue ainsi dans une remarquable pureté (3); sa réputation et ses qualités réelles dispensent de chercher d'autres variétés. 90,000 fruits, en moyenne, se vendent annuellement sur place à 10 centimes pièce, ce qui donne un revenu brut de 9,000 fr. à partager avec le jardinier.

A peine compte-t-on une récolte nulle dans une période décennale. L'oranger charge à peu près tous les ans. Il serait difficile, on le voit, de trouver une source de profits mieux assurée. Que serait-ce si, devançant

---

(1) De juin en septembre, deux fois par semaine si c'est à eau courante, une fois à eau dormante.

(2) Tous les deux ans, on supprime à la serpe le bois mort, les gourmands, quelques rares brindilles. Les vents de mer obligent ici MM. Spoturno à donner moins d'air à leurs arbres. Ailleurs, on les évide davantage, sans qu'une véritable taille à fruit soit nulle part appliquée à l'oranger.

(3) La vitalité et la durée des arbres francs, qui est d'un si grand avantage, a pourtant des inconvénients commerciaux. Ces fruits, à écorce délicate, agités par le vent, sont souvent piqués par les épines. Mangés sur place, on les trouve acides, sans s'expliquer tout d'abord cette différence avec des oranges saines du même arbre; expédiés, ils peuvent se gâter et gâter une caisse entière.

7

l'état actuel de l'industrie, **MM.** Spoturno, instruits par l'exemple de Grasse, d'Antibes, de Nice, tiraient de leurs produits tout le parti qu'ils peuvent rendre ? Le jour où la distillerie et l'industrie des parfums pénétreront dans l'île, plus de perte de fleurs, de brout ou déchets de taille. Les orangeries s'adjoignent les cultures florales qui s'adaptent si bien à vos méthodes et au penchant des femmes corses pour les travaux agricoles; les vallons pauvres en eaux se peuplent de bigarradiers et de bouquetiers; la flore même de vos makis devient une source de richesse.

A quoi maintenant attribuer les qualités spéciales de l'orange de Barbicaja (1)? A l'exposition ? à la proximité de la mer et à la richesse saline de l'atmosphère ambiante ? à la nature du sol granitique ? à la spécialisation de la culture et aux soins d'entretien ? à la vertu *sui generis* d'un plant type à origine inconnue ? Sans doute, à toutes ces conditions réunies. Toujours est-il, si l'on nous permet d'emprunter au langage vinicole, à propos d'un fruit qui est une boisson, un terme précis, toujours est-il que **MM.** Spoturno, s'aidant de toutes ces circonstances naturelles, ont créé un cru renommé.

Voilà l'ensemble de plantations, l'ensemble de méri-

---

(1) De grosseur moyenne, souvent petite, le zeste satiné, pâle, pesante, l'orange de Barbicaja est facile à reconnaître. Parvenue à maturité, elle s'emplit à la fois de jus et de parfum, et déborde presque le péricarpe, qu'on sépare difficilement d'une pulpe fine et charnue. Peut-être, à cause de ses qualités mêmes, se prêterait-elle moins que le portugal à une exportation lointaine.

tes, la création ancienne ayant porté ses fruits, sans cesse de se renouveler et de s'étendre, que le jury a jugés dignes de la prime d'honneur.

Dans un avenir qui semble prochain, lorsque des Sanguinaires à Ajaccio, et dans cette admirable ceinture du golfe, chaque vallon, pourvu de sources, apparaîtra aux premiers regards du voyageur complanté d'orangers, sous la protection des pins et des oliviers, entre deux zones de vigne, c'est à l'exemple et à la réputation de Barbicaja qu'il faudra faire remonter l'avantage et l'honneur de cette fortune.

EXPLOITATIONS PRIMÉES.

M. le comte Jérôme POZZO DI BORGO, *à Pruno, commune d'Alata (arrondissement d'Ajaccio).*

Peu de courses agricoles offrent autant d'intérêt que la visite de Pruno. C'est un domaine d'un millier d'hectares en voie de transformation radicale, sous l'action d'une volonté intelligente s'aidant de moyens proportionnés.

Par une rare bonne fortune, nous rencontrons ici réunis des contrastes qu'on ne retrouvera plus dans un avenir prochain sur la surface de l'île : la charrue de Tubal-Caïn (1) avec un joug et un attelage primitif,

---

(1) L'araire romain, les charrues de Calvi et Calenzana, celles de la Balagne avec leur sep à talon horizontal et leur age coudé, sont

à côté de la Dombasle et des herses Valcourt; le makis vierge, à côté des pentes reboisées en essences de pin et chêne, suivant les meilleures pratiques forestières (1); de grandes luzernières, des olivettes, établies avec des soins de plantation, d'entretien et de culture les plus rationnels qui se puissent rencontrer, et, sur la verdure luxuriante et fleurie de ces mêmes makis, les têtes grises des oliviers se montrent de loin en lignes espacées, comme les jalons de la conquête entreprise par M. Pozzo di Borgo.

Il faut un réel courage pour se placer en face de tels espaces, dans l'état d'abandon et de désordre où ils étaient au début, et envisager sans pâlir les longs efforts que va coûter leur mise en valeur. Si une telle ambition agricole a de quoi tenter, tant d'obstacles l'embarrassent, qu'elle a besoin d'être soutenue par l'attention et la faveur publiques.

La réunion de Pruno et de Campo-d'Unico forme un corps de biens de nature mixte, à la fois exploita-

---

des instruments de perfection à côté de l'outil employé dans l'arrondissement d'Ajaccio. On peut s'en faire une idée, en imaginant une pointe de scarificateur inclinée en avant avec des ailes qui vont s'élargissant à partir du sol. Ce n'est point, à proprement parler, une charrue, mais une fouilleuse sans équilibre, sans assiette possible, un crochet déchirant la terre et dévoyé à chaque obstacle. La meilleure raison que j'aie entendu donner pour défendre son emploi, c'est qu'elle sert à gratter le sol là où le vrai labourage est encore impossible.

(1) M. Pozzo di Borgo en a puisé l'idée dans les reboisements poursuivis avec tant de persévérance, pour le compte de la commune d'Ajaccio, sous la direction de l'administration des forêts, sur les versants dénudés des Sanguinaires.

tion et plantation. Après avoir loué l'aménagement rural, la pratique de la stabulation, les belles étables
voûtées, les granges à foin et à blé, les hangars, la
provision des fumiers d'étable, l'enfouissement en
grand des lupins, le drainage de 80 hectares, il serait
superflu de s'arrêter sur l'exploitation, où se rencontre,
ainsi que nous l'avons indiqué, le mélange de procédés
et d'instruments empruntés à divers âges agronomi-
ques (1).

Malgré les progrès qui s'y font remarquer, c'est sur-

---

(1) On n'y pourrait pas louer sans réserve. C'est ainsi qu'en signalant l'établissement de luzernes et sainfoins, sur une assez vaste
échelle et la bonne préparation du sol pour ces cultures, on doit
regretter que cette préparation ait été faite à la pelle lucquoise, et
que les luzernes en pied ne soient pas hersées. La luzerne est le
grand pionnier du progrès; la pelle appliquée à de tels travaux, sur
des surfaces étendues qui ne présentent pas d'obstacle, est en retard
d'un demi-siècle sur la plante elle-même.

En Corse, on laboure mal et on ne laboure pas assez. Déjà les vaches sont retenues à l'étable à Pruno; pourquoi n'y garderait-on pas
les bœufs de labour ? Avec toutes les qualités des bêtes de travail, il
ne leur manque que le régime et l'éducation domestique qui fait du
bœuf, sur le continent, l'instrument de culture le plus patient et le
plus fort. S'ils regardent la bêche d'un peu haut, les cultivateurs
corses recherchent le labourage et le *terratico*; il est aisé de les prendre par leur faible. Donnez vos Dombasles avec des colliers ou des
jougs se prêtant à un effort considérable et continu, vos meilleurs
attelages, vos meilleurs clos au cheptelier de bonne volonté qui con-
sentira à n'employer que ces engins perfectionnés. Les paysans sont
ici très-intelligents. Durant nos visites, nous aimions à les interro-
ger, et nous avons toujours été surpris par la sagacité autant que
par l'aisance supérieure et libre de leurs réponses. C'est par l'évidence pratique qu'il faut gagner d'emblée à la cause du progrès de
telles populations rurales.

tout aux plantations qu'il faut regarder. Le grand mérite de M. Pozzo di Borgo est d'avoir compris que là
était l'avenir.

Des deux grands problèmes de l'agriculture corse,
le capital et la main-d'œuvre, l'un a été résolu à Pruno
par un placement à longue échéance, il est vrai, mais
le plus sûr et le plus riche qui se pût faire; l'autre a
été judicieusement éludé par l'importance donnée aux
plantations qui exigent le moins de présence et de
cultures propres.

A un temps donné, la vigne, l'olivier, le châtaignier,
le pin et le chêne remplaceront le makis sur les plateaux et les pentes de cet immense héritage, les cultures fourragères et les céréales se restreignant peu à
peu aux vallons les plus fertiles de Pruno et Campo-
d'Unico.

Déjà plus de 300 hectares sont cernés par les clôtures, l'un des grands frais préventifs de l'agriculture
corse. 10 ont été ensemencés en pin maritime, laricio
et chênes verts, sur gradins défoncés ou sur défrichement plein, après céréales. 800 châtaigniers ont été
plantés dans les vallées profondes, le long des cours
d'eau.

Occupant un clos de 18 hectares en cépages corses,
avec son bâtiment spécial, son pressoir, la vigne va
s'étendre sur de bien autres espaces. En lui donnant
dans son exploitation l'importance qu'elle doit prendre
partout en Corse, M. Pozzo di Borgo disposera ses
plantations pour l'emploi des instruments économiques
et des procédés de culture usités dans les départements du littoral méditerranéen.

Mais arrivons, enfin, aux plantations considérables et récentes d'oliviers. Ici tout mérite attention. L'olivier est la plus grande richesse agricole actuelle de la Corse. Sa végétation y est belle partout; il y a des régions où elle est incomparable. Jusqu'ici, pourtant, on pouvait dire qu'il devait plus au sol qu'à l'homme. Si peu qu'il y ait à faire dans ce sol qui l'aime sans fatigue, et dont il est une des éternelles parures, on va voir comment une culture progressive, à Pruno, avance de dix ans sa production, comment elle augmente la qualité, la quantité des produits. Tant il est vrai qu'il n'y a pas de richesse qui ne devienne plus riche sous la main de l'homme.

Les premières plantations, faites il y a six ans à peine, en gros plants de Gênes, de six centimètres de diamètre, ont déjà formé, en effet, des arbres d'un développement remarquable, dont le rendement moyen probable ne saurait être reculé au delà de la dixième année de mise en place (1).

Un tel résultat ne saurait être obtenu qu'au moyen de soins exceptionnels. Des fosses, de 2 mètres de côté et 1 mètre de profondeur, sont ouvertes une année à l'avance; et, l'olivier pourvu de son tuteur, on

---

(1) On se prépare à diminuer désormais les frais de plantations par les soins donnés à une pépinière d'oliviers, où les divers modes de reproduction et de propagation de l'espèce : semis, gourmands sur copeaux ou boutures à écusson, branches simples couchées et coudées, nodosités enfouies, rejetons pris sur franc, sauvageons à racine, sont également employés. D'un autre côté, des milliers d'oliviers sauvages sont greffés sur place dans la réserve des makis.

sème sur la *piazzetta* du lupin pour enfouir. A cette
fumure végétale, succède tous les deux ans le fumier
d'étable. La première et la deuxième année, d'ordinaire
deux ou trois arrosages sont indispensables (1). Après
cinq ans, un défoncement de 5 mètres carrés et de 1
mètre de profondeur, fait autour de l'arbre, ouvre à
ses racines un large champ; elles s'irradient en tout
sens, la végétation est accélérée; la croissance avancée
de dix ans. Si on réunit les frais de plantation, de fumure, d'entretien, de double défoncement, d'établissement des *maggere* sur les pentes, la dépense est sans
doute considérable; mais le temps aussi est de l'argent,
et la sorte d'argent dont notre siècle devient le plus
jaloux... C'est un progrès immense que de faire nourrir de bonne heure son capital d'amélioration par le
fonds lui-même.

Dans les makis encore intacts, les oliviers sont mis
en place sans attendre les défrichements; la plantation
marche ainsi avec rapidité, devançant les cultures. Elle
compte déjà 5,500 arbres; elle doit couvrir 200 hectares.

Cette grande création, qui absorbe depuis huit ans
l'entier produit de la vaine pâture (2) sur la partie non

---

(1) Ce sont des femmes qui se chargent de ce soin. La ration d'arrosage, composée de 3 *barolette* (45 litres), revient, en moyenne, à
5 centimes.

(2) Le prix élevé du pâturage, ainsi que la cherté des clôtures
indiquée plus haut, rentre dans la catégorie des faits à signaler
comme les circonstances atténuantes les plus réelles de l'inertie de
quelques grands propriétaires corses. Le prix de location de pâture,
notamment, a doublé depuis vingt ans, aux environs d'Ajaccio, sous

réservée du domaine, n'atteint pas autant qu'on pourrait le croire le revenu net. Il est de 20,000 fr. pour une valeur vénale de 400,000 fr.

En admirant de la crête de la Punta de Pozzo di Borgo, l'ensemble grandiose de ces possessions, qui se déroule du golfe d'Ajaccio au golfe de Sagone, on comprend bien l'ambition du comte Pozzo di Borgo ; on se laisse aller, malgré ce qui reste à faire, à toute cette passion agricole, et on entrevoit ce coup de tête français, cette *tuntia francese* (1), couronnée par le bénéfice et l'éclat du succès.

l'influence de la loi sur le parcours, combinée avec la persistance du goût pastoral. Il y a là de quoi faire hésiter les amis du progrès agricole en face de toute amélioration à longue échéance, car il faut tout d'abord se priver d'un revenu certain et considérable. Rassurons-les par la comparaison de la valeur locative sur les terres incultes et sur les terres amendées par la culture, sur les plantations défensables.

C'est dans ce but que nous avons cru utile de grouper, en chiffres saisissants, les divers prix des différentes catégories de locatures de Pruno. Le beau makis de la Porraia, très-touffu dans les versants, plus clair, partant plus enherbé sur les plateaux, d'une contenance de 22 *mezzinate*, est loué 220 fr. ; un ancien défrichement complanté de jeunes oliviers, où le ciste reparaît sur la jachère avec des hauteurs sèches, des fonds riches en herbe, un ensemble moyen, et d'une contenance de 4 *mezzinate*, était estimé, sous nos yeux, 150 fr. ; enfin, un clos voisin des bâtiments de Pruno, drainé et amélioré, de la contenance de 26 *mezzinate*, rapporte 1,100 fr.

On voit combien il est avantageux, même au point de vue de l'augmentation du revenu pâture, de bien cultiver et de planter, la plantation ne supprimant le pâturage momentanément que pour en élever la valeur, et la culture donnant plus d'herbe que la nature à l'ombre des makis.

(1) Le mot de *tuntia francese*, que l'esprit de routine applique volontiers à chaque tentative nouvelle étrangère aux habitudes du pays, signifie plus exactement : folie, bêtise, tocade française.

La médaille d'argent de S. M. l'Empereur marquera
la première étape de la transformation de Pruno.

MM. JACQUINOT et Comp. — *Solenzara*
(arrondissement de Sartene) (1).

Nous rencontrons pour la première fois sur nos pas
une association : l'exemple en est bon à noter.

Si l'on rapproche la rareté du capital, en Corse, de
l'importance et de la généralité des efforts qu'exige la
conquête définitive de la plaine orientale, c'est probablement dans l'alliance des sociétés libres et de l'État
qu'il faut chercher la solution du problème. En face
de difficultés si complexes, les propriétaires isolés sont
des atômes impuissants; nous allons voir, à Solenzara,
le mouvement et la vitalité que leur imprime la force
d'attraction d'un centre vivant.

Le voisinage des minerais de tout le littoral méditerranéen, la supériorité de la fonte au bois, la richesse
des ressources combustibles de la Corse, ont fait Solenzara comme ils ont fait Toga. C'est donc une vue
industrielle qui a d'abord attiré le capital et le travail
sur ce point de la côte de l'Est, isolé à 40 kilomètres
de son chef-lieu de canton, à 125 de son chef-lieu
d'arrondissement, à 103 de Bastia.

Privé de ces alluvions fertiles qui forment à quelques pas les fonds vierges des plaines du Fiumorbo,
rien n'y provoquait les tentatives agricoles; mais la
culture est providentiellement la conséquence forcée

---

(1) La contenance de Solenzara était de 1,500 hectares; elle a été
augmentée récemment par des acquisitions importantes.

de telles entreprises. Le pied des makis baignait dans la mer; il a bien fallu se donner de l'air, de l'espace, faire son gîte, loger ses ouvriers, les nourrir, céder aux tentations de ce sol neuf dépouillé par les forges.

Chaque fois que vous verrez de loin, Messieurs, une cheminée de haut fourneau, donnez-lui un salut de bienvenue. C'est de l'argent (1), c'est de la population; derrière la machine, sachez entrevoir la multitude des charrues.

Il y a aujourd'hui à la Solenzara un beau village bien aéré, bien bâti, des cultures. — De nombreux ouvriers bonifaciens, italiens; d'autres, moins nombreux, du Fiumorbo, surtout des femmes, y trouvent un travail assuré et lucratif pendant neuf mois de l'année.

Les essais de grande culture ont eu d'abord pour but d'assainir, puis de mettre à profit les heures perdues des ouvriers et des attelages. Ce n'est que peu à peu que l'on s'est engagé dans cet engrenage de travaux qui sont au moment de fonder, auprès de l'usine métallurgique, une véritable usine agricole non moins utile au pays.

Rien n'aide à la bonne agriculture comme la bonne comptabilité. Aussi, est-on arrivé plus vite là qu'ailleurs, après quelques tâtonnements inévitables, à ces projets d'ensemble que provoque l'habitude des grandes affaires.

Quatre-vingt-cinq hectares ont été mis en culture en peu d'années; des défrichements, des drainages,

---

(1) La quantité de bois nécessaire pour faire une tonne de charbon (le dixième environ d'un hectare de makis âgé de dix-huit ans), coûtait à l'origine 30 cent.; aujourd'hui elle coûte 1 fr.

des essais d'assolements, de grands espaces réservés
aux cultures sarclées et aux fourrages, signalent les
débuts. Comme dans tous les essais agricoles inexpérimentés, on incline d'abord à l'excès des céréales; le
progrès de l'exploitation se marque aujourd'hui par
l'état prospère des luzernes et l'importance des fourrages donnés en vert. Leur végétation est énergique,
riche, égale. Une parcelle en préparation, profondément défoncée, fumée, hersée, ne laissait rien à désirer
au point de vue des bonnes méthodes culturales. On
ne fait mieux nulle part. Signalons toutefois une lacune
dans l'ensemble de la production fourragère. Des suinte-
ments nombreux tachent la sole des céréales; la rivière
de Solenzara, débitant encore, à son plus bas étiage, un
mètre cube, borde le domaine sur une longueur de
douze kilomètres..... Des tranchées plus profondes
centralisant les sources aujourd'hui nuisibles aux récoltes, des prises d'eau sur la rivière, distribuées sur
les dernières pentes du versant qui aboutit à la mer,
ne mettraient-elles pas la Compagnie à même de ces-
ser, en peu de temps, d'être tributaire de M. Fetty-
Plasse pour l'entretien de ses attelages de transport (1)?

_____

(1) Tout porte à forcer à Solenzara la production fourragère, et
l'agriculture, et l'industrie, et la masse des engrais, et les besoins
d'une écurie nombreuse au service des hauts fourneaux.
   Jusqu'ici, il a fallu acheter au Migliacciaro des foins spontanés de
qualité médiocre, que le transport fait ressortir à 5 fr. les 100 kil.
Si l'industrie a d'abord créé la culture, si elle lui procure encore la
plus forte proportion d'engrais, il est temps que la culture, à son
tour, vienne au secours de l'industrie, en fournissant à ses attelages
de meilleurs fourrages dégrevés des frais de transport.

Toutes ces questions trouvent dans M. Jacquinot les éléments de la meilleure solution. Au moment où le Migliacciaro va devenir la véritable école d'irrigation de toute la plaine de l'Est, il lui appartient de tourner ses préoccupations et son effort de ce côté (1).

Cette marche presque subite vers le mieux, que nous avons remarquée dans l'établissement des luzernes, va bientôt caractériser chaque nature de culture. Nous la trouvons dans le progrès des systèmes de plantation du nouveau vignoble, dans la préparation des productions arbustives.

En 1866, la vigne comprendra 20 hectares; elle est destinée à occuper sur une ligne régulière la zone des coteaux sous le makis, avant les cultures assolées. Les tranchées parallèles, la sape, la bêche, cèdent aujourd'hui la place aux défoncements en plein, à la charrue vigneronne, à la houe à cheval. On étudie le choix des cépages par des essais comparatifs (2). La

(1) Cette observation a d'autant plus d'importance, que nulle branche de l'industrie agricole n'est aussi retardée en Corse que la pratique des irrigations. Ainsi, les eaux du canal de la Casinca, qui peuvent arroser 1,500 hectares, n'ont été utilisées durant ces trois dernières années que sur 69. La taxe d'irrigation est à peine cependant de 8 fr. par hectare. Le canal de Vivario, achevé en 1864, n'a pas encore de concession.

(2) Dans les plantations déjà faites, les cépages ont été empruntés, un peu au hasard et sans trop d'égard pour les analogies climatériques et l'altitude, aux crus continentaux de la Bourgogne, du Médoc, de l'Hérault, du Gard, en grande partie, plus qu'aux crus de la Corse. Le mouvement viticole est ici de trop fraîche date, pour pouvoir être réglé sur des faits. Ce sont des essais tentés, en des lieux divers, qui doivent à l'avenir éclairer la pratique agricole; on

conduite et la taille de la vigne se plieront d'ailleurs partout en Corse, avec des modifications légères, à tous les procédés de culture nouveaux, à mesure que le tourbillon viticole l'entraînera davantage dans le mouvement de la plus riche production méditerranéenne.

Cette production va devenir à Solenzara l'occasion d'une industrie accessoire. Comme les Génois à Calvi, M. Jacquinot espère acheter et exploiter à son profit toute la vendange des cultivateurs du canton de Sari et de la côte, jusqu'à Porto-Vecchio.

Avec les luzernes arrosées et la vigne, c'est principalement dans les cultures arbustives qu'est l'avenir de la Solenzara. On voit, à l'importance et à la bonne tenue de ses pépinières, que M. Jacquinot s'est mis en mesure de ne plus laisser en arrière cette branche importante de revenu. Il n'y a actuellement de re-

---

ne saurait donc les blâmer, à la condition qu'ils soient dirigés avec sagacité et faits sur une échelle restreinte.

Les procédés de vinification sont d'ailleurs si importants, qu'ils serait difficile de se prononcer d'ores et déjà sur les qualités réelles des crus de l'île.

Ces procédés ont tant d'influence sur la constitution des vins, que, dans le même territoire, les produits des mêmes cépages nous ont offert des différences capitales de goût et de nature, suivant que la fermentation avait été conduite par les procédés rationnels ou par les procédés en usage dans le pays. Dans l'état actuel, les vins de la Balagne et du Cap, spécialement les vins secs, ceux d'Ajaccio, de Tallano, et généralement de l'arrondissement de Sartène et de toute la partie méridionale de l'île, paraissent, par leur analogie avec les vins du Roussillon, de l'Espagne, de Porto ou de la Sicile, destinés à satisfaire la consommation anglaise; ceux de Corte, de Vico, de Solenzara, rappellent davantage nos bons vins de table ordinaires.

marquable, sous ce rapport, que la plantation des orangers, limoniers, cédratiers, de la longue vallée de la Fontanaccia, terrassée et disposée récemment.

Si nous rentrons, après cette revue extérieure, dans les bâtiments de la ferme, nous y trouverons une belle cave voûtée à trois étages, disposée pour recevoir des additions successives (1), des abris de planches pour les foins et les animaux, des fumiers bien stratifiés avec fosses à purin.

Tout est d'ailleurs provisoire, hormis les paddoks établis à l'ouest du plan où doit s'élever le bel aménagement rural projeté. Ces paddoks ne sauraient être trop recommandés à l'attention de l'agriculture corse. Nul système n'est meilleur pour l'élevage; nul ne se prête mieux, à cause de la facilité et du bon marché d'établissement, de la douceur du climat, à votre état agricole, à vos besoins. Ce sont vos vieux abris de lentisques entourés de blocs de granit ou de murs en pierre sèche, arrivés à l'âge d'une agronomie régulière, et transformés, garantissant les plantations et les cultures, permettant la surveillance, la sélection, l'amélioration du régime.

Nous voudrions voir imiter les paddoks rustiques de la Solenzara d'un bout à l'autre de l'île.

En résumé, la commission a trouvé à Solenzara,

---

(1) Distribuée intérieurement pour loger de petites futailles, c'est plutôt une cave de dépôt ou débit qu'un vaste atelier de vinification pareil à ceux du bas Languedoc et du Gard. Nul doute que, la production se développant dans ses proportions naturelles, on ne soit obligé de recourir à l'aménagement grandiose de ces beaux établissements.

avec ses paddoks, sa riche machinerie agricole, sa bonne manipulation des engrais, ses luzernes, la pratique avancée du fourrage donné en vert le plus longtemps possible, les labours profonds, les hersages, les plombages; nul résultat, d'ailleurs, encore obtenu, mais des jalons partout plantés dans les bonnes directions. L'agriculture, depuis un an, a son directeur intelligent et attentif aux progrès (1); elle se dégage de l'industrie et de l'usine métallurgique; elle se fait sa place à part. « Vous arrivez deux ans trop tôt », nous disait avec un tact parfait de sa situation M. Jacquinot. Si nous fussions arrivés deux ans plus tard, il est probable qu'il ne se fût pas contenté d'une médaille d'or.

M. LIMPERANI. — *Campo-Magno, à Castellare et Penta (canton de Vescovato).*

C'est dans la Casinca que devait se montrer à nous la première exploitation agricole bien installée, annonçant l'ancienneté, la régularité et la continuité de la culture.

En entrant dans la cour de Campo-Magno, on a déjà laissé sur la droite un grand rideau de peupliers ramenant naturellement à l'esprit l'image de nos plaines continentales. Cette double et vaste cour, avec ses arbres, son grand puits, ses étables, ses granges à foin, le logis des colons, le bâtiment de maî-

---

(1) M. Lavit.

tre, complète l'illusion. On peut se croire soustrait tout d'un coup aux conditions agricoles étranges de la plaine orientale, et transporté dans une véritable ferme du continent.

L'établissement rural de M. Limperani n'est point cependant une copie servile de nos aménagements. Les arcades ouvertes des étables, les appentis couverts de bruyère, la rampe à voûte de son habitation, une certaine simplicité générale et une sage économie d'installation, conservent heureusement à l'ensemble une physionomie méridionale, le caractère du pays, des habitudes, du climat. Comment douter plus long-temps, d'ailleurs, que l'on soit encore dans la Corse, devant les magnifiques amphithéâtres de la Castagnic-cia et du canton de Vescovato? Si nous avons sur le continent des châtaigniers, ils n'ont point cette énergie surabondante et réparatrice de végétation : relégués dans de pauvres régions, ils ne se mêlent pas aux ar-bres fruitiers, aux oliviers, aux orangers.

Dans les cultures, se retrouve cette double impres-sion produite par la vue des bâtiments ruraux et par l'aspect du pays : d'un côté, une plaine de 200 hecta-res en prairies artificielles naturelles et céréales, du bétail de travail et de rente, tout l'ensemble ouvert à l'agriculture classique; de l'autre, l'importance excep-tionnelle des arbres : 50 hectares de châtaigniers, 10 hectares d'oliviers, de la vigne, des mûriers, du chêne liége, une grande variété de ressources et de produc-tion. Le centre de l'exploitation arbustive est à Valan-delle, sur les versants boisés de Penta. La ferme de Campo-Magno s'étend au-dessous, jusqu'à la mer, sur

8

une largeur de 1,500 mètres environ et une longueur de 2 kilomètres. (1).

Voilà assurément de belles assises agricoles, si Campo-Magno ne se fût trouvé dans la zone de l'*aria cattiva*.

Bien que, sous l'influence de causes spéciales combinées, l'insalubrité du climat revête en Corse, comme toute chose, sa physionomie particulière, cette insalubrité, en elle-même, est un fait normal dans tous les terrains bas de la région méditerranéenne à l'état inculte. On peut donc affirmer, d'une manière générale, que la culture est le moyen principal d'assainissement; et il n'y aurait rien d'étonnant, si tel système économique de mobilisation du travail agricole inconnu à nos pères, un chemin de fer de Bastia à Aleria, par exemple, versant avec le soleil une marée de cultivateurs dans la plaine et les ramenant avec ses derniers rayons aux stations déjà saines, devenait, avant les grands travaux hydrauliques directs, le premier agent de salubrité dans la côte orientale.

M. Limperani semble avoir entrevu cette vérité, lorsqu'il s'est mis à l'œuvre courageusement, il y a vingt ans, sans attendre des grands travaux publics une sorte de libération préventive de son domaine. Le canal de la Casinca n'était pas fait, qu'il entreprenait le défrichement de 100 hectares de makis. Comme à Solenzara, comme à Casabianda, l'amélioration sanitaire a suivi la proportion des cultures.

La circulation du travail n'admettant pas d'intermit-

(1) Contenance totale : **274** hectares.

tences dans une agriculture intensive, la migration
estivale était une sorte de mort pour ces campagnes;
aujourd'hui, on n'émigre plus à Campo-Magno. Pendant que la Casinca se vide et renvoie ses travailleurs
à Penta, à Vescovato, à Venzolasca, à Loreto, dix personnes, hommes ou femmes, restent à la ferme, fidèles
à la surveillance des enclos et prudemment attentives
aux travaux de culture.

Avec ses bâtiments ruraux, son personnel acclimaté,
ses 2,500 mètres de chemins, ses clôtures de haies
vives, ses 20 hectares de luzerne et de trèfle, ses céréales trop étendues, mais en partie comparables à
celles de Casabianda, le modèle de la culture céréale
de l'Est, M. Limperani offrait à l'attention du jury la
dérivation d'un ruisseau de Penta ayant amené, par le
colmatage, l'amélioration de 12 hectares destinés à
devenir des prairies.

La combinaison judicieuse de cette pratique avec
l'enfouissement des lupins et l'emploi des fumiers d'é-
table, suivant la position ou les convenances du sol,
procurera l'amendement général du domaine.

Si la perfection dans l'exécution ne s'est pas toujours
montrée au niveau des conceptions, c'est que les connaissances acquises ne suffisent pas pour un tel résultat. Outre les difficultés des cultures estivales dans la
Casinca, les agents agricoles n'arrivent, dans le détail,
à la pratique du mieux que par la généralisation des
bonnes méthodes. C'est rarement en écoutant, c'est en
voyant et en copiant, que le cultivateur acquiert ce tact
du point juste qui signale à des yeux exercés l'état
avancé de l'agriculture d'un pays.

Rentrés dans la ferme, nous y trouvions de bons instruments, de belles poulinières, de beaux bœufs de travail; quatre-vingt-quatre têtes de gros bétail pour 150
hectares de culture.

En comparant le revenu de son cheptel de rente aux
maigres profits des troupeaux de chevaux ou de bœufs
abandonnés dans les makis, les pâtures et locateries
des environs, nous constations qu'il fallait à ces derniers trois et quatre années pour atteindre le prix de
vente assuré à M. Limperani dès la première. Il accuse
50 p. % de revenu pour le capital engagé dans cette
partie de l'exploitation. Toutefois, il est à remarquer
que le bénéfice porte exclusivement sur les espèces
bovine et chevaline. L'espèce ovine, abritée cependant
tous les soirs dans de bonnes bergeries, ne dépasse
pas le rendement assuré, en moyenne, à tous les troupeaux de la race corse. Il y a à tirer de ces faits un
enseignement précieux : d'un côté, la sélection et l'a-
mélioration du régime ont pu suffire; de l'autre, la né-
cessité d'une réforme plus radicale est imminente.
Campo-Magno en peut trouver l'exemple à Casabianda,
où le mélange du sang barbarin a suffi pour élever au
double, en trois ans, le poids des antenais, en modifiant
complétement les qualités marchandes de la laine.

Enfin, l'exploitation modèle de 6 hectares de chênes
liéges vient compléter la riche série des cultures du
domaine. Le premier démasclage a déjà payé deux fois
la valeur du sol. Voilà un fait qui est de nature à répondre aux plaintes vaines, si souvent reproduites en
Corse, contre l'abus prétendu fait, dans le principe,
de l'inexpérience des propriétaires de bois de liége,

par les créateurs d'une industrie considérable. Les prix inférieurs du début s'expliquent par les chances inhérentes à toute entreprise nouvelle. Il ne faut pas s'en plaindre. Que vaudraient à cette heure tous les chênes liéges de la Corse? Existeraient-ils seulement, si l'on eût continué à en faire de la potasse? Ce sont les prix inférieurs qui ont attiré le capital et qui ont ouvert à ces produits un courant nouveau, qui se régularise naturellement en s'agrandissant.

Conception d'ensemble, création complète d'une exploitation régulière et permanente au milieu de graves difficultés, l'ensemble le plus varié de productions, comptabilité suffisante, réforme instrumentale, réforme culturale des assolements, présentant ce caractère de gradation qui assure le progrès mieux que des révolutions hâtives, et l'assied en le poursuivant; résultats acquis malgré la continuation des travaux fonciers, tels sont les mérites généraux qui ont valu à M. Limperani la prime d'honneur des exploitations. Elle vient couronner en lui vingt années d'initiative, de travail, de dévouement, de services rendus à l'agriculture du pays.

Avec des hommes comme MM. Limperani et Benedetti, une contrée doit rapidement prendre la tête du mouvement agricole.

Sommes-nous parvenus à metttre en relief l'impression générale qui résulte du concours? Les plantations ont dû apparaître comme le vrai domaine et l'avenir de votre agriculture. La Corse est avant tout un rameau détaché de la grande branche de production vi-

ticole, arbustive et fruitière de la Provence, du Var,
de l'ancien comté de Nice. Sa richesse offre même un
caractère de variété qu'elle n'a pas dans cette France
nouvelle des Alpes-Maritimes, si séduisante par sa
molle douceur. Des Alpes corses à la mer, une rare
fortune réunit aux essences forestières les plus utiles
tous les arbres de production industrielle ou fruitière.
C'est comme un flot immense de verdure éclatante et
vivace, où le pin résineux, le chêne liége, le châtaignier, l'olivier, l'amandier, le mûrier, la vigne, l'oranger, le citronnier, le cédratier et toutes les plantes in-
tertropicales entremêlent leurs zones, leurs formes et
leurs couleurs. Quelle riche parure! C'est votre parure
naturelle. Nul besoin d'aller chercher ailleurs les cultures d'importation : le coton, la canne à sucre....
Développer vos plantations actuelles en vue des méthodes de culture perfectionnée, c'est la tendance qui
se fait pressentir partout, c'est la tendance à suivre
sans hésitation.

Il semble qu'elle s'impose même à ce genre de domaines que le programme désigne sous le nom d'exploitations. Les plantations y ont leur place marquée;
et, jusque dans ces plaines destinées à devenir à la fois
le grenier de la Corse et les embouches du littoral
méditerranéen, le mûrier et l'olivier sont appelés à
border les chemins et les clôtures. Presque partout
la plantation est le tableau, ici elle sera le cadre de
votre agriculture.

Si donc l'on a réservé une sorte de prééminence aux
exploitations, c'est qu'il y avait ici autre chose à faire
qu'à suivre les indications et comme le penchant des

populations et des lieux. Résistances physiques, mœurs agricoles, il a tout fallu vaincre à la fois; la récompense a dû se mesurer à l'effort.

A tout prendre, et dans toute branche de production, le mouvement agricole est réel. Il est resté longtemps concentré dans les parties extrêmes de l'île, parce que, le débouché étant plus près, la rémunération était plus immédiate. Grâce à un ensemble de travaux publics imposants, ce débouché se met de plus en plus aujourd'hui à la portée de toutes les populations; les communes suivent l'État, les plus humbles cultivateurs suivront les communes.

La Corse a trouvé dans les gouvernements de la France une justice bienveillante; elle trouve naturellement davantage dans le gouvernement impérial.

« La Corse est pour moi plus qu'un département, c'est une famille, » disait ici même S. M. l'Empereur. Quel gage plus touchant de la parole impériale que ce tombeau élevé sur le sol natal *à la mère des rois* (1), à côté de ce monument que la grande mémoire de Napoléon Ier couvre de son auréole?

L'un des premiers actes de la sollicitude de Napoléon III vous a donné la sécurité intérieure, la sécurité des personnes par la loi sur le port d'armes, la garantie des cultures par la loi sur le parcours. Vous lui devez l'achèvement des routes, le réseau forestier, les desséchements de Calvi et de St-Florent, les canaux

---

(1) Dans la chapelle sépulcrale adossée au collége Fesch, on lit sur la tombe de Mme Lœtitia : *Hic jacet.... mater regum....*

de la Casinca et de Vivario, les Pénitenciers, le port de
Bastia, la dérivation des eaux de la Gravone.....

Et, en ce moment même, je vois cette parole mieux
écrite encore dans la présence du Prince dont les facultés éminentes et l'esprit décisif ne s'appliquent jamais en vain au progrès économique et libéral de son
pays.

Nulle époque ne fut donc plus favorable pour vous
lancer dans cette voie, si largement ouverte par tant
d'efforts publics et par l'exemple des hommes distingués que nous avons trouvés à la tête du progrès agricole. Pas plus que le reste du monde, la Corse ne saurait se soustraire à la loi heureuse et féconde de l'initiative individuelle.

Vous êtes un navire en pleine mer; le vent a beau
souffler qui pousse aux conquêtes, si les matelots s'ou-
blient à jouer sur le pont, les voiles pendent le long
du mât, la machine est muette, le navire immobile.
Au moment de vous quitter, nous vous disons avec
sympathie, avec confiance : aux voiles, à la machine,
au gouvernail; rien ne remplace l'effort viril qui maî-
trise la fortune.

Ajaccio, 14 mai 1865.

RÉCOMPENSES ACCORDÉES.

EXPLOITATIONS.

PRIME D'HONNEUR.

Une somme de 1,500 fr. et une médaille d'or donnée par S. A. I. le Prince Napoléon. M. Limperani, à Campomagno (arrondissement de Bastia).

Médaille d'or de Sa Majesté. MM. Jacquinot et C⁰ à Solenzara (arrondissement de Sartene).

Médaille d'argent de Sa Majesté. M. le comte Jérôme Pozzo-di-Borgo à Pruno (arrondissement d'Ajaccio).

PLANTATIONS.

PRIME D'HONNEUR.

Une somme di 1,000 fr. et une médaille de bronze donnée par S. A. I. le Prince Napoléon. MM. Spoturno frères, à Barbicaja (arrondissement d'Ajaccio).

Médaille d'or de Sa Majesté. M. César Benedetti à Dragone de Bivinco (arrondissement de Bastia).

Médaille d'argent de Sa Majesté. M. Porri François à San Biagio (arrondissement d'Ajaccio).

Médaille d'argent donnée par S. A. I. le Prince Napoléon. M. Leca Noël-Antoine, à Efrico (arrondissement d'Ajaccio).

Mention honorable. M. le docteur Versini à San Biagio (arrondissement d'Ajaccio).

ANIMAUX REPRODUCTEURS.

ESPÈCE CHEVALINE.

Étalons.

1er prix. Médaille d'or et 200 fr. M. Salvadori Louis à Aleria.

2e prix. Médaille d'argent et 100 fr. M. Muraccioli, Antoine-
François à Tox.

3e prix. Médaille de Bronze et 50 fr. M. Peraldi Jean, à Vico.

Poulains et Pouliches.

1er prix. Médaille d'or et 200 fr. M. Beverini Jean, à Ajaccio.

2e prix. Médaille d'argent et 100 fr. M. Forcioli Dominique, à
Ajaccio.

3e prix. Médaille de bronze et 80 fr. M. Peri Antoine, d'Ajaccio.

4e prix. Médaille de bronze et 50 fr. M. Cazeil Guillaume, à Valdoniello.

Mentions honorables à MM. Rotilj-Forcioli (Simon), à Arbellara;
Panzani François, à Altagene; Luiggi Don Louis, à Loreto.

Juments suitées.

1er prix. Médaille d'or et 200 fr. M. Rognoni Dominique, d'Aleria,

2e prix. Médaille d'argent et 100 fr. M. Poli Michel, d'Olmeto.

3e prix. Médaille de bronze et 80 fr. M. Emilj François, de Sainte-Marie-Siché.

4e prix. Médaille de bronze et 50 fr. M. Rotilj-Forcioli, d'Arbellara.

Mention honorable. M. Bonelli Dominique, de Bastelica.

Élevage.

Médaille d'argent de S. A. I. le Prince Napoléon. M. Jauge,
propriétaire, à Migliacciaro.

Tous chevaux réunis.

Grand prix des haras 500 fr. M. Rotilj-Forcioli, d'Arbellara.

Médaille de bronze de Sa Majesté à M. Brunati Pascal, de Zigliara.

Espèce mulassière.

1er prix. Médaille d'or. M. Franceschini Jean-Baptiste, d'Aregno.
2e prix. Médaille d'argent. M. Giustiniani Jules, d'Arbellara.
3e prix. Médaille d'argent. M. Paoli Antoine, de Fozzano.
4e prix. Médaille de bronze. M. Cerani, de Corte.
5e prix. Médaille de bronze. M. Ricci Pierre-Mathieu, de Saint-André de Cotone.
Mention honorable. M. Clementi Fabien, de Sainte-Marie-Siché.

ESPÈCE BOVINE.

RACES CORSES PURES.

Taureaux.

1er prix. Médaille d'or et 150 fr. M. Forcioli, d'Ajaccio.
2e prix. Médaille d'argent et 125 fr. M. Peraldi, de Vico.
3e prix. Médaille de bronze et 100 fr. M. Rotilj-Forcioli, d'Arbellara.
4e prix. Médaille de bronze et 80 fr. M. Rocca, d'Appricciani.
5e prix. Médaille de bronze et 50 fr. M. Sebastiani, de Porta.
Mention honorable. M. Istria, de Sollacarò.

Vaches pleines ou à lait.

1er prix. Médaille d'or et 125 fr. M. Pianelli Dominique, d'Olmeto.
2e prix. Médaille d'argent et 100 fr. M. le comte Pozzo-di-Borgo, d'Ajaccio.
3e prix. Médaille de bronze et 80 fr. M. Peri, d'Ajaccio.
4e prix. Médaille de bronze et 60 fr. M. Ucciani, d'Ajaccio.
5e prix. Médaille de bronze et 40 fr. M. Scapula, de Bastelica.
Mentions honorables. MM. le comte Pozzo-di-Borgo, Emilj et Peraldi.

RACES ÉTRANGÈRES PURES OU CROISÉES.

Taureaux.

1er prix. Médaille d'or et 150 fr. M. Camilli, d'Urbalacone.

2° prix. Médaille d'argent et 125 fr. M. le comte Pozzo-di-Borgo.

3ᵃ prix. Médaille de bronze et 100 fr. M. Peretti, de Casalabriva.

Mention honorable. M. Istria, de Sollacarò.

Vaches pleines ou à lait.

1ᵉʳ prix. Médaille d'or et 125 fr. M. Calvi, de Bastia.

2ᵉ prix. Médaille d'argent et 100 fr. M. Savelli, de Lumio.

3ᵉ prix. Médaille de bronze et 80 fr. M. Sebastiani, de Porta.

Bœufs de travail.

1ᵉʳ prix. Médaille d'or et 150 fr. M. Filippi Antoine, de Venzolasca.

2ᵉ prix. Médaille d'argent et 100 fr. M. Mondoloni Joseph, d'Olmeto.

3ᵉ prix. Médaille de bronze et 80 fr. M. Chiavoni Paul, d'Olmeto.

4ᵉ prix. Médaille de bronze et 50 fr. Bozzi Michel-Antoine, de Pila-Canale.

ESPÈCE OVINE.

—

RACES CORSES PURES.

Béliers.

1ᵉʳ prix. Médaille d'or et 80 fr. M. Coltelloni, de Tolla.

2ᵉ prix. Médaille d'argent et 60 fr. M. Morelli, de Bocognano.

3ᵉ prix. Médaille de bronze et 40 fr. M. Lozzi, de Bastelica.

4ᵉ prix. Médaille de bronze et 25 fr. M. Frassati, de Bastelica.

Mentions honorables. MM. Grossetti, d'Ajaccio, et Mancini de Lisa.

Brebis.

1ᵉʳ prix. Médaille d'or et 60 fr. M. Brunelli, de Bastelica.

2ᵉ prix. Médaille d'argent et 40 fr. M. Folacci, de Bastelica.

3ᵉ prix. Médaille de bronze et 30 fr. M. Gasparini, de Bastelica.

Le 4ᵉ prix (Médaille de bronze et 20 fr.) n'a pas été décerné.

Mention honorable. M. Brunelli, de Bastelica déjà primé.

RACES ÉTRANGÈRES ET CROISEMENTS DIVERS.

Béliers.

1er prix. Médaille d'or et 100 fr. M. Folacci, de Bicchisano.
2e prix. Médaille d'argent et 80 fr. M. Leca, à Valle de Mezzana.
3e prix. Médaille de bronze et 50 fr. M. Forcioli César, de Zigliara.
Mention honorable. M. Dias, de Cagnano.

Brebis.

1er prix. Médaille d'or et 80 fr. M. Casanova, de Cagnano.
2e prix. Médaille d'argent et 60 fr. M. Luciani, d'Ajaccio.
3e prix. Médaille de bronze et 40 fr. M. Tavera, de Valle-de-Mezzana.

Volailles.

1er prix. Médaille d'argent et 40 fr. M. le comte Pozzo-di-Borgo, à Pruno.
2e prix. Médaille d'argent et 30 fr. M. Santelli, à Calvi.
3e prix. Médaille de bronze et 25 fr. à M. Gozzi Joseph, à Appietto.
4e prix. Médaille de bronze et 20 fr. M. Guidon Louis, d'Ajaccio.
5e prix. Médaille de bronze et 15 fr. M. Giuliani André, à Ajaccio.

ESPÈCE PORCINE.

RACES CORSES.

Verrats.

Pas de prix.

Truies.

1er prix. Médaille d'or et 70 fr. M. Coggia Joseph, d'Ajaccio.
2e prix. Médaille d'argent et 50 fr. M. Salini berger, à Tolla.
3e prix. Médaille de bronze et 30 fr. M. Serpaggi Paul, d'Ajaccio.
Mentions honorables. MM. Peretti, de Casalabriva, et Guerrini, de Peri.

Verrats.

1er prix. Médaille d'or et 100 fr. MM. Arrighi Joseph, et Tedeschi, de Corte.

2e prix. Médaille d'argent et 80 fr. M. Giacobbi, de Lugo di Venaco.

3e prix. Médaille de bronze et 60 fr. M. Ottavi, de Soccia.

Truies.

1er prix. Médaille d'or et 80 fr. MM. Arrighi, et Tedeschi, de Corte.

2e prix. Médaille d'argent et 60 fr. M. Ottavi, de Soccia.

3e prix. Médaille de bronze et 50 fr. M. Maracchelli, d'Ucciani.

Mentions honorables. MM. Leca, d'Arbori, et Massimi, d'Ajaccio.

La commission ministérielle signale, par une mention hors ligne, l'exposition faite par les colonies agricoles de Chiavari, St-Antoine et Casabianda, dans les diverses races de bêtes, bovine, ovine et porcine. Par suite de cette mention toute spéciale, une médaille d'or a été attribuée par M. le Préfet aux établissements de Casabianda et de Chiavari, et une médaille d'argent à la colonie de St-Antoine représentées par leurs directeurs.

COLONS OU SERVITEURS.

1er prix. Médaille d'or et 250 fr. M. Giovannai Jean-Toussaint, régisseur depuis quarante ans chez M. le comte Pozzo-di-Borgo, à Pruno (arrondissement d'Ajaccio).

2e prix. Médaille d'argent et 150 fr. M. Albertini Christophe dit *Tittolo*, chez MM. Filippi, à Vescovato (arrondissement de Bastia).

3e prix. Médaille de bronze et 100 fr. MM. Paganelli frères, chez MM. Casanova d'Aracciani, à Cortina (arrondissement de Sartene).

4e prix. Médaille de bronze et 60 fr. M. Rossi Joseph, chez M. Ambrosini, à Speloncato (arrondissement de Calvi).

5e prix. Médaille de bronze et 50 fr. M. Pallavicini Paul-Jérôme, chez M. Matra, à Gavignano (arrondissement de Corte).

MACHINES ET INSTRUMENTS AGRICOLES.

—

Machines à battre.

1er prix. Médaille d'or. M. Vallesi.

2e prix. Médaille d'argent. M. Limperani.

Tarares.

1er prix. Médaille d'argent. M. Jacquinot.

2e prix. Medaille de bronze. M. Limperani.

Trieur.

1er prix. Médaille d'argent. M. Calvi Louis, à Bastia.

Charrues.

1er prix. Médaille d'or. MM. Maglioli et Bonisoli.

2e prix. Médaille d'argent. M. Jacquinot.

3e prix. Médaille de bronze. M. Vallesi.

4e prix. Médaille de bronze. M. Brevini.

Herses.

1er prix. Médaille d'argent. M. Jacquinot.

2e prix. Médaille de bronze. M. Brevini.

Buttoirs.

Le 1er prix (Médaille d'argent) n'a pas été décerné.

2e prix. Médaille de bronze. M. Jacquinot.

Houes à cheval.

Les prix (Médailles d'argent et de bronze) n'ont pas été décernés.

Extirpateurs et scarificateurs.

1er prix. Médaille d'or. M. Jacquinot.
Le 2e et le 3e prix (Médailles d'argent et de bronze) n'ont pas été
    décernés.

Rouleaux à dépiquer.

Les 2 prix (Médailles d'argent et de bronze) n'ont pas été décernés.

Rouleaux à émotter.

1er prix. Médaille d'argent. M. Jacquinot.
Le 2e prix (Médaille de bronze) n'a pas été décerné.
Mention très-honorable aux pénitenciers de St-Antoine et de
    Casabianda, pour leurs collections d'instruments per-
    fectionnés.

PRODUITS AGRICOLES.

VINS.

Vins de commerce.

1er prix. Médaille d'or et 200 fr. M. Astima, de Cervione.
2e prix. Médaille d'argent et 150 fr. M. Jacquinot, de Solenzara.
3e prix. Médaille de bronze et 100 fr. M. Rossi, de Sari.
4e prix. Médaille de bronze et 80 fr. M. Pugliesi Antoine, d'Ajaccio.
5e prix. Médaille de bronze et 50 fr. M. Martinenghi, d'Ajaccio.

Vins fins et de liqueurs.

1er prix. Médaille d'or et 250 fr. M. Giacomoni, de Ste-Lucie de
    Tallano.
2e prix. Médaille d'argent et 200 fr. M. Olivieri, de Sari-d'Orcino.
3e prix. Médaille de bronze et 150 fr. M. Arrighi Mathieu, de Corte.
4e prix. Médaille de bronze et 100 fr. M. Paoli Jean-Paul, de
    Morsiglia.
5e prix. Médaille de bronze et 80 fr. M. Pietri Antoine-Marc,
    de Morsiglia.

6° prix. Médaille de bronze et 60 fr. M. Blasini Antoine, de Rogliano.

Huiles.

1er prix. Médaille d'or et 200 fr. M. Giacomoni, de Ste-Lucie de Tallano.

2e prix. Médaille d'argent et 100 fr. M. Leandri, de Volpajola.

3e prix. Médaille de bronze et 50 fr. M. Martinenghi, d'Ajaccio.

4e prix. Médaille de bronze et 25 fr. M. Malaspina, de Ville de Balagne.

Mention très-honorable à MM. Diana, Giuberta, Blasini, Biaggini, Savelli, Guidoni, Montepagano, Marini et Malberti.

Soie filée ou en cocons.

1er prix. Médaille d'or. M. Roccaserra, de Portovecchio.

2e prix. Médaille d'argent. M. Carlotti, de Venaco.

3e prix. Médaille de bronze. Mme Susini, de Sartene.

Céréales.

1er prix. Médaille d'or. M. Filippi François, à Pila-Canale.

2o prix. Médaille d'argent. M. Filippi, à Portovecchio.

3e prix. Médaille de bronze. M. Jacquinot.

Fourrages artificiels.

1er prix. Médaille d'or. M. le comte Pozzo-di-Borgo.

2e prix. Médaille d'argent. M. Jacquinot.

3e prix. Médaille de bronze. M. Giuseppi.

Le 4e prix (Médaille de bronze) n'a pas été décerné.

Racines.

1er prix Médaille d'argent. M. Fataccioli.

2o prix. Médaille de bronze. Forcioli, à Forciolo.

3e prix. Médaille de bronze. M. Luigi, de Barettali.

Légumes secs.

1er prix. Médaille d'argent. M. Vallesi, de Vescovato.

2o prix. Médaille de bronze. M. Vesperini, de Bocognano.

Mentions honorables. MM. Ottaviani et Lucciardi.

9

Châtaignes conservées.

1er prix. Médaille d'argent. M. Mosconi Paul-Benoît de Petreto.
2e prix. Médaille de bronze. M. Giudici.
Mention honorable. M. Paoli.

Oranges.

1er prix. Médaille d'or. MM. Spoturno frères, de Barbicaja.
2e prix. Médaille d'argent. M. Franceschini, d'Aregno.
3e prix. Médaille d'argent. M. Leca Noël, de Valle.
Médailles de bronze de Sa Majesté. MM. Porri, d'Ajaccio, et
Mariani, d'Aregno.

Cédrats.

1er prix. Médaille d'or. M. Giuseppi, de Luri.
2e prix. Médaille d'argent. M. Tomei de Luri.
3e prix. Médaille de bronze. M. Colonna de Lumio.
Le 4e prix (Médaille de bronze) n'a pas été décerné.

Citrons.

1er prix. Médaille d'or. M. Mariani.
2e prix. Médaille d'argent. M. Jacquinot.
3e prix. Médaille de bronze. M. Liccia.
4e prix. Médaille de bronze. M. Costa Jean, de l'Ile Rousse.
Mention honorable. M. Giuseppi.

Liéges.

1er prix. Médaille d'or. M. Delarbre, de Portovecchio.
2e prix. Médaille d'argent. M. Giuseppi Félix, de Luri.
3e prix. Médaille de bronze. M. Rocca, fabricant de bouchons,
à Bonifacio.
Mention honorable. M. Moreau Michel, de Bonifacio.

Bois de construction et autres.

1er prix. Médaille d'or donnée par S. A. I. Mgr. le Prince Napoléon. M. Folacci Jean-Baptiste, d'Ajaccio.
2e prix. Médaille d'or. M. A. Gesta fils, à Ajaccio.

3ᵉ prix. Médaille d'argent, donnée par S. M. l'Empereur. M. Seta Michel, de Bastelica.

4ᵉ prix. Médaille d'argent. M. Scapula Jean-Toussaint, de Bastelica.

Les 5ᵉ et 6ᵉ prix (Médailles de bronze) n'ont pas été décernés.

Mention très-honorable et médaille de bronze donnée par S. A. I. Mgr le Prince Napoléon ; M. Virion, sous-inspecteur des forêts, pour reboisement des coteaux dans la commune d'Ajaccio.

Résine et goudron.

1ᵉʳ prix. Médaille d'argent. MM. de Chauton, Cazeil et Cᵉ, à Valdoniello.

2ᵉ prix. Médaille de bronze. MM. Renon et Cᵉ à Corte.

Mentions honorables. MM. Decheneux et Bonnard, et Parodi frères.

Miel et Cire.

1ᵉʳ prix. Médaille d'argent. M. Lanfranchi Pascal, à Ocana.

2ᵉ prix. Médaille de bronze. M. le docteur Cauro, à Ajaccio.

Mentions honorables. M. Lazari Pierre-Paul, d'Ajaccio, et Vincenti Dominique, à Belgodere.

Fromages frais ou secs.

1ᵉʳ prix. Médaille d'argent. M. Belgodere de Bagnaja, à Belgodere.

2ᵉ prix. Médaille de bronze. M. Savelli Nicolas, de Lumio.

3ᵉ prix. Médaille de bronze. M. Pieri Joseph, d'Ocana.

Fruits secs.

1ᵉʳ prix. Médaille d'argent. M. Olivieri Michel, d'Ajaccio.

2ᵉ prix. Médaille de bronze. M. Costa Jean fils, de l'Ile-Rousse.

Mention honorable. M. Martinenghi, d'Ajaccio.

Culture maraîchère.

1ᵉʳ prix. Médaille d'or. M. Jacquinot, à la Solenzara.

2ᵉ prix. Médaille d'argent. M. Palazzi frères, de Corte.

3ᵉ prix Médaille de bronze. M. Camiso Polycarpe, à Alata.

PLANTES TEXTILES.

—

1er prix. Médaille d'argent donnée par S. M. l'Empereur. M. Grossetti Mathieu, aux Cannes.

HORTICULTURE ET ARBORICULTURE.

—

Médaille de bronze. M. Leca, de Mezzana.
Médaille de bronze. M. Levet, à Ajaccio.
Mention honorable. M. Carbuccia, jardinier à Ajaccio.

Fruits.

Médaille de bronze. M. Calisti Jean-Marie, de Brando.
Médaille de bronze. M. Retali Jean-Pierre, de San-Martino.
Mention honorable. M. Albertini, desservant, à Forciolo.
Mention honorable. M. Orazi Pascal, de Bastelica.

Embarcations.

Médaille de bronze. M. Agostini, de Bastia.

INDUSTRIE.

Métallurgie.

Médaille d'or de S. M. l'Empereur. MM. Petin et Gaudet (usine de Toga).
Médaille d'or du département. M. Jacquinot (usine de Solenzara).
Médaille de bronze. M. Vinciguerra (forge de la Porta).

Marbrerie.

Medaille d'or. M. Bertolucci, marbrier à Bastia.
Médaille d'argent. M. Poggioli, à Bastia.
Médaille d'argent. M. Del Pellegrino, à Bastia.

Médaille de bronze. MM. Orsini et Cᵉ, à Bastia.
Médaille de bronze. M. Tomei, à Bastia.
Médaille de bronze. M. Stefani Pierre, à Corte.

Minéralogie et exploitation des mines.

Médaille d'argent. La Société des mines, d'Argentella.
Médaille d'argent. M. Giuseppi Félix, de Luri.
Médaille de bronze. M. Pietri Antoine, de Morsiglia.
Médaille de bronze. M. Piccioni Sébastien, de l'Ile-Rousse.
Médaille de bronze. M. Santelli Dominique, de Castifao.

Collections scientifiques.

Médaille d'argent. M. de Susini Joachim, à Ajaccio.
Médaille de bronze. M. Romagnoli, de Bastia.

Eaux minérales.

Médaille d'or donnée par S. M. l'Empereur. M. Jéramec, directeur
    des eaux d'Orezza.
Médaille de bronze. M. De la Rocca, directeur des eaux de Guagno.
Médaille de bronze. M. Filippini, propriétaire des eaux de Puzzi-
    chello.

Salines.

Médaille d'argent. M. Roccaserra Jules, de Portovecchio.

Céramique commune.

Médaille de bronze. M. Manghi Pierre, de Grosseto.
Médaille de bronze. M. Mack André, d'Ajaccio.

Produits pharmaceutiques.

Médaille de bronze. M. Mancini Jean, d'Ajaccio.

Mécanique Horlogerie.

Médaille d'argent. M. Martelli, horloger à Aregno.
Médaille de bronze. M. Ferrari Hyacinthe, à Ajaccio.
Médaille de bronze. M. Olmeta François, à Ajaccio.
Médaille de bronze. M. Santarelli Eugène, de Sartene.
Médaille de bronze. M. Angeli, forgeron à Verdese.

Médaille de bronze. M. Totti Antoine, horloger à Bastia.
Médaille de bronze. M. Danesi, horloger à Bastia.

Pâtes alimentaires.

Médaille d'or. M. Caffarelli, de Bastia.
Médaille d'argent. M. Pecunia Joseph, de Bastia.
Médaille d'argent. M. Dasso Etienne, à Ajaccio.
Médaille de bronze. M. Pecunia Ambroise, à Bastia.
Médaille de bronze. M. Gasparini Joseph, à l'Ile-Rousse.

Boulangerie.

Médaille de bronze. M. Mariani Jacques, à Ajaccio.
Médaille de bronze. M. Ceccaldi Dominique, à Ajaccio.
Médaille de bronze Mme Bocognano Antoinette, à Ajaccio.
Médaille de bronze. Mesdames Sorba (Sœurs), à Bonifacio.

Conserves et Pâtisseries.

Médaille d'argent. M. Guidon Louis, à Ajaccio.
Médaille d'argent. M. Bonnet Thomas, à Ajaccio.
Médaille de bronze. M. Pugliesi Antoine, à Ajaccio.
Médaille de bronze. M. Kiviatoszynski, à Ajaccio.
Médaille de bronze. M. Teisseire Louis, à Ajaccio.
Médaille de bronze. M. Sanguinetti, pharmacien à Bastia.
Médaille de bronze. M. Chersia Alfred, à Bastia.
Médaille de bronze. M. Grimaud, pâtissier à Ajaccio.

Salaisons.

Médaille de bronze. Mme Santamaria Marie-Dominique, à Ajaccio.
Médaille de bronze. M. Serra François, à Ajaccio.
Médaille de bronze. M. Cristofini, du canton d'Omessa.

Chapellerie.

Médaille d'argent. M. Paravisini Jean-Baptiste, à Ajaccio.

Travaux à l'aiguille.

Médaille de bronze. Mlle Stefani Joséphine, à Ajaccio.
Médaille de bronze. L'orphelinat du Bon Pasteur, à Bastia.

Médaille de bronze. Mlle Coulinet Marie-Françoise, à Ajaccio.
Médaille de bronze. Le pensionnat de Saint-Joseph, à Ajaccio.
Médaille de bronze. Mlle Acquaviva Clélie, à Corte.
Médaille de bronze. Sœur Sainte-Euphrasie, à Bastia.

Corsets.

Médaille de bronze. Mme Cuneo Isabelle, à Ajaccio.

Modes.

Médaille de bronze. Mlle Ottavi Antoinette, à Ajaccio.
Médaille de bronze. Maison Rosi, chapelier à Bastia.

Cordonnerie.

Médaille d'argent. M. Folacci Sylvestre, à Ajaccio.
Médaille d'argent. M. Zanetti Charles, à Ajaccio.
Médaille de bronze. M. Bozzi Jean-Baptiste, à Ajaccio.

Minoterie.

Médaille d'or. M. Rocca Castellani Jean-Baptiste, à Calvi.
Médaille d'argent. M. Baciocchi Félix, à Ajaccio.
Médaille de bronze. M. Ramaroni, à Ajaccio.
Médaille de bronze. M. Vincenti Jean-Martin.
Médaille de bronze. M. Calvi Louis, à Bastia.

Tabacs et Cigares.

Médaille d'argent. MM. Damei frères, à Bastia.
Médaille de bronze. M. Foci François, à Ajaccio.
Médaille de bronze. M. Robaglia Barthélemy, à Ajaccio.
Médaille de bronze. M. Morati Noël, de Murato.
Médaille de bronze. M. Vallesi Jean-Antoine, à Vescovato.
Médaille de bronze. M. Aurelli Nicolas, à Ajaccio.

Sellerie.

Médaille d'argent. M. Appietto Démétrius, à Ajaccio.
Médaille de bronze. M. Saint-Denis Rigobert, à Bastia.

Vêtements.

Médaille de bronze. Zevaco Antoine, à Ajaccio.

Tissus.

Médaille d'or. Mme Muselli Isabelle, d'Ocana.
Médaille d'argent. M. Manzaggi Jean, à Bastelica.
Médaille de bronze. Mlle Cadavo Marie, à Ocana.

Travaux en coquillage.

Médaille de bronze. M. Ristori Marius, à Ajaccio.

Reliure.

Médaille de bronze. M. Nobili, relieur à Ajaccio.

Articles de voyage.

Médaille de bronze. M. Cuttoli Antoine, à Ajaccio.

Armurerie.

Médaille d'argent. M. Cassegrain Gabriel, à Ajaccio.
Médaille de bronze. M. Olmeta François, à Ajaccio.

Brasserie.

Médaille de bronze. Mme veuve Brun, à Ajaccio.

Savons.

Médaille d'argent. M. Calvi Louis, à Bastia.

Tannerie.

Médaille d'or. M. Lazarotti Jean-Augustin, à Bastia.
Médaille d'argent. M. Louault Théodore, à Ajaccio.

Tonnellerie.

Médaille de bronze. M. Cauro Félix, à Ajaccio.

Carrosserie.

Médaille de bronze. MM. Seiller et Guillemard, à Ajaccio.

Ebénisterie.

Médaille de bronze. M. Righetti Vincent, à Bastia.
Médaille de bronze. M. Peri Pierre, à Ajaccio.
Médaille de bronze. M. Casana, Philomèle, à Ajaccio.

BEAUX-ARTS.

—

Peinture.

Médaille d'or. M. Colonna d'Istria Pierre, à Bastia.
Médaille d'argent. Mlle Meuron, à Ajaccio.
Médaille de bronze. M. Multedo Jean-Luc, à Ajaccio.

Sculpture.

Médaille d'argent. M. Lanfranchi Ange, à Ajaccio.

Phothographie.

Médaille de bronze. M. Miguel Aléo.

Dessin et Architecture.

Médaille de bronze. M. Viale, conducteur des ponts et chaussées,
à Bastia.

Camées.

Médaille d'or du département. M. Colonna Cesari, à Portovecchio.

La plupart des lauréats dont nous venons de citer les noms étaient présents à la cérémonie, et ont eu l'honneur de recevoir des mains de S. A. I. Mgr le prince Napoléon les récompenses qui leur étaient accordées.

BANQUET.

Le 17 mai, un banquet de 250 couverts a été offert à S. A. I. Mgr le prince Napoléon, par la ville d'Ajaccio, dans la grande salle du palais de l'Exposition. Les principaux exposants, les fonctionnaires et les notabilités du département s'étaient empressés de répondre à l'invitation qui leur avait été adressée, et de venir prendre place à ce banquet.

Après le second service, Mgr le prince Napoléon s'est levé et a porté le toast suivant à S. M. l'Empereur, à S. M. l'Impératrice et au Prince Impérial :

« Messieurs, a dit Son Altesse Impériale, d'une voix
» vibrante et profondément émue, une santé doit être
» portée la première dans cette réunion, c'est celle de
» l'Empereur, de l'Impératrice et du Prince Impérial.
» Je profite de ma présidence ici pour porter ce toast;
» je le ferai sans grands commentaires; ceux que feront
» vos cœurs seront plus éloquents que ce que je vous
» dirais, car je sais combien est vif et sincère votre
» dévouement pour l'Empereur, pour l'Impératrice et
» pour leur Fils. »

Ces paroles ont été accueillies par des applaudissements unanimes et prolongés.

TROISIÈME PARTIE.

RAPPORTS DES SECTIONS

SUR LES PRODUITS EXPOSÉS.

RACE CHEVALINE.

Maintenant que l'exposition de la Corse est un fait accompli, et qu'on peut froidement en apprécier l'importance et les résultats actuels, après l'éclat des fêtes qui l'ont environnée, nous allons tâcher d'en faire ressortir brièvement une des parties les plus intéressantes.

Disons d'abord qu'on ne sait qu'admirer le plus de la prodigieuse activité et de la haute intelligence de l'homme supérieur qui dirige le département, et qui en peu de temps a su créer cette exposition, ou du vif empressement des populations à répondre à son appel. Le pays entier a été remué. Aussi sommes-nous persuadé que cette exposition sera aussi féconde en brillants résultats qu'elle a été riche en produits de tous genres, surtout de celui qui doit nous occuper ici tout spécialement.

La race chevaline exposée au concours d'Ajaccio comptait de nombreux sujets de tout âge et de tout sexe, depuis l'étalon jusqu'à la pouliche d'un an. La réunion était des plus intéressantes, et frappait surtout par quelques contrastes individuels sous le rapport du volume et de la taille. En effet, tout près des représentants du véritable type corse, ayant la taille de $1^m 40^c$, on voyait des miniatures de chevaux qui ne dépassaient pas $1^m 10$ ou 12^c; plus loin on rencontrait des sujets corses purs, à côté de produits déjà considérablement améliorés par la présence chez eux d'une certaine dose de sang arabe, et pouvant désormais servir d'enseignement aux éleveurs. D'un côté le passé de la race, et de l'autre l'avenir. Ici les défectuosités à faire disparaître; là les mêmes défectuosités à moitié corrigées, il est vrai, mais indiquant clairement la voie à suivre pour rendre la race chevaline corse une race véritablement utile et d'un débit rémunérateur.

La race chevaline corse est d'origine arabe; du moins tout le fait supposer, surtout ses précieuses qualités morales qui établissent entre ces deux races un premier lien de parenté bien évident. Il est vrai que sous le rapport physique elle a bien dégénéré; mais pouvait-il en être autrement au milieu des conditions économiques où elle fut implantée? Le contraire nous eût surpris et eût été en opposition avec les mœurs pastorales des habitants, obligés, devant de nombreux ennemis, de fuir les vallées et de se réfugier sur des hauteurs où d'ordinaire se rencontrent de si maigres pâturages. Sous l'influence de ce régime, la taille du cheval corse s'abaissa peu à peu, le volume de son corps s'amoindrit et arriva au point où nous le voyons aujourd'hui. Avec le temps, cette race, nivelée aux circonstances locales, s'est acquise une fixité de sang qui fait qu'aujourd'hui elle se reproduit en la forme que nous lui connaissons, et il est probable qu'elle se perpétuerait ainsi, si l'homme n'intervenait avec de puissants moyens capables de modifier son mode actuel de reproduction.

Telle qu'elle est, la race corse se trouve insuffisante et ne répond nullement aux besoins de nos jours; elle manque trop de volume et de taille; peu recherchée sur le continent, d'un débit peu rémunérateur, elle reste invariablement fixée sur le sol de l'île; car on ne peut considérer comme formant une branche commerciale la vente de quelques individus que la fantaisie vient chercher en Corse à cause de leur petitesse.

Tous ces faits frappèrent vivement M. le Préfet, à son arrivée dans l'île, et dès ce moment il résolut de faire tous ses efforts pour élever le niveau de l'excellente race indigène, d'en étendre l'utilité, d'en augmenter la valeur, et de créer ainsi pour le pays une nouvelle source de richesse.

Les principales imperfections du cheval corse existent aux deux extrémités du corps :

Dans l'avant-main, nous lui trouvons une tête grosse, un peu lourde, mal attachée et fixée à une encolure mince, droite et courte qui fait ressortir davantage le défaut. Tout le monde sait quel rôle considérable jouent ces régions dans la statique et la progression animales; c'est par leur déplacement en avant ou en arrière que le cheval augmente sa vitesse ou retarde sa marche. Aussi méritent-elles une attention toute particulière dans l'amélioration d'une race. Chez le cheval corse, étant défectueuses, elles ne peuvent répondre complétement aux besoins des sujets; pour les ramener à des conditions normales, il faut alléger la tête, allonger les lignes de l'encolure, et augmenter légèrement son volume tout en lui donnant plus de distinction. Ce triple résultat obtenu, le cheval corse deviendra plus gracieux, plus léger, plus libre sur son devant et s'usera moins vite des membres antérieurs. Le cavalier y trouvera son compte sous le rapport de l'agrément que lui procurera sa monture, et du moins de fatigue dans la main qui tient les rênes de bride, ce qui n'est pas une mince considération en voyage et même à la promenade.

A l'arrière-main, nous lui voyons une croupe étroite, peu fournie et beaucoup trop oblique; ses fesses sont pointues et ses cuisses grêles; il a les jarrets clos et coudés. Tous ces défauts annoncent peu de force et de résistance dans les parties postérieures du corps, et il est de remarque qu'ils sont ordinairement le partage des races parmi lesquelles on compte rarement de bons trotteurs. Ces diverses régions, en effet, servent, pendant la progression, à chasser le corps en avant, et ne peuvent convenablement atteindre ce but que si elles sont puissantes et bien conformées. En dehors de ces deux conditions, elles ne supportent que difficilement les fatigues et les efforts que leur imposent les grands mouvements des sujets lancés au trot, et dont beaucoup dans ce cas changent lestement d'allure et entament de préférence le galop; fait qu'on observe souvent chez le cheval corse qui, ayant une excellente ligne de dos commandant parfaitement sa petite machine animale, s'enlève facilement et semble se livrer avec prédilection, quand on le pousse aux allures vives, à celle du galop. Pour rendre chez lui l'arrière-main fort et bien conformé, que faut-il? Allonger les lignes de la croupe, faire qu'elle soit moins oblique, augmenter le volume des muscles de ces régions et redresser la direction des jarrets. Alors le train postérieur sera puissant; il répondra à tous les besoins des sujets, et leur permettra de supporter facilement les fatigues et les efforts des allures vives; j'ajoute que la vitesse de tous ces grands mouvements en sera augmentée d'autant.

Tels sont les principaux défauts de la race chevaline corse, et telles sont aussi les améliorations profondes qu'il est important de réaliser chez elle pour la rendre forte et en élever la valeur. Ici se présentent de suite les questions de sang et d'alimentation. Voyons la première : à quel sang, à quelle race étrangère fallait-il s'adresser pour la croiser avec celle du pays? La question, je crois, était facile à résoudre et la chose allait d'elle-même; c'était au sang arabe que nous devions avoir recours, car la race arabe est la seule qui puisse convenir à améliorer la race corse, qui en est une des meilleures émanations. Nous allons voir tout-à-l'heure quels ont été les résultats du croisement de ces deux sangs, en examinant les produits présentés à l'exposition dernière.

L'exposition comptait sept étalons, vingt-neuf juments suitées et quarante-cinq poulains ou pouliches depuis l'âge d'un an accompli jusqu'à trois ans passés.

Parmi les étalons, le plus remarquable, quoique manquant un peu de taille, était celui qui a eu le premier prix, et qui appartient à M. Salvadori Louis, d'Aleria. C'est un sujet bien roulé, près de terre, plai-

sant à l'œil, ayant de bons membres et d'excellents
aplombs; mais affligé des deux grands défauts de la
race corse, c'est-à-dire d'une tête trop forte et d'une
croupe trop oblique. Dans son ensemble, c'est un bon
cheval; mais trop petit, d'un volume trop restreint, et
à cause de ses défectuosités originelles ne pouvant être
employé comme procréateur, parce qu'au lieu de servir
de correctif à la race, il ne ferait que continuer l'œuvre
qu'il s'agit de modifier. Je conseille donc aux éleveurs
de la plaine d'Aléria, dans leur intérêt, de ne point
livrer leurs juments à cet étalon. Sous aucun rapport
il ne peut améliorer la race de leur contrée. Ils ont,
du reste, au Migliacciaro beaucoup mieux que cela.

Le deuxième prix est un étalon croisé Corse-Arabe;
son père, qui était un métis de cette souche, ne lui a
infusé dans les veines qu'une faible quantité de sang
oriental, puisque les défauts de la race mère dominent
dans son économie. Il a plus de taille et de volume
que le précédent; sa croupe est peut-être un peu moins
oblique; mais la tête est restée forte. C'est un excellent
cheval de service, mais ce n'est pas un père. Il y a une
différence immense entre ces deux conditions. Je conseille encore aux éleveurs de la côte orientale qui
tiennent à améliorer leur race, de laisser de côté cet
étalon; en l'employant, ils seront sûrs de rester dans
l'ornière où ils marchent depuis si longtemps.

C'est parmi les poulains et les pouliches que nous
allons trouver les meilleurs sujets du concours; c'est
là aussi que nous allons observer l'influence du sang
et des croisements.

Le premier prix a été décerné à un poulain d'un an

passé, appartenant à M. Beverini, d'Ajaccio. C'est un poulain qui supporte sans trop y perdre l'examen et le détail; les défauts de la ligne maternelle ont presque disparu dans le train postérieur. Son père, qui est un Arabe pur sang distingué, lui a donné dans la croupe plus de largeur, en même temps que des lignes plus belles et plus horizontales; la cuisse est bien descendue et la direction des jarrets est bonne. Toutes les régions ont pris de l'étendue. L'encolure s'est développée et étoffée. Malheureusement ce produit est un peu enlevé et sa tête est restée trop forte. Dans ce croisement, cette défectuosité a résisté complétement à l'influence du sang, et semble par cela même être profondément burinée sur la race-mère; ce sera là probablement le défaut qui, dans les métis, disparaîtra le dernier.

Le deuxième prix appartient à M. Forcioli, d'Ajaccio. C'est un poulain d'un an environ, provenant du même père que le précédent; il est joli, bien corsé, avec de l'ensemble; mais il a moins de distinction que son frère dans la croupe, et la ligne du dos moins bien soutenue. Quoiqu'il soit moins enlevé que le n° 1, ses membres sont un peu grêles, et, comme chez le précédent, sa tête est restée trop forte. Malgré cela, c'est un bon produit et je souhaite en voir beaucoup comme lui sur le sol corse.

Ces deux poulains sont, sous le rapport du sang, des formes et de la distinction, supérieurs à tout ce qui est au concours. Comme résultat des premiers croisements, il est des plus heureux et nous enseigne, en l'étudiant, tout ce que l'on peut faire de beau et de bon avec l'emploi du sang arabe, qui se marie si bien

avec le corse qu'il peut donner du premier jet des
produits assez réguliers, bien liés dans l'ensemble et
dépourvus de ces défauts heurtés qui annoncent que
la fusion des deux races mises en contact ne s'opérera
qu'avec de longs efforts. Ici tout va de soi et il ne faut,
pour continuer l'œuvre commencée, que marcher dans
la voie où nous sommes engagés, en mettant toute
l'attention possible à faire disparaître chez la généra-
tion prochaine le défaut signalé plus haut comme étant
des plus tenaces, des plus résistants, comme aussi des
plus désavantageux dans une race.

Le troisième prix a été donné à une jeune pouliche
de race corse, appartenant à M. Peri Antoine, d'Ajaccio.
Cette pouliche, pour son âge et sa race, a de la taille
et beaucoup d'ampleur dans les formes; son ensemble
est bon et bien lié; mais elle manque de distinction et
porte les défauts inhérents à l'espèce. Malgré cela, nous
sommes persuadé qu'elle deviendra une bonne jument
et qu'elle serait encore une meilleure poulinière, si
M. Peri se décidait à la donner à un étalon de sang.
On obtiendrait de ce croisement des produits qui ne
manqueraient pas de faire honneur à leur propriétaire
sous bien des rapports.

Nous voici arrivés à la catégorie des juments suitées; elles étaient au nombre de 29; c'est un chiffre
important; malheureusement le jury a dû exercer son
choix sur un nombre de têtes bien plus restreint, parce
que beaucoup de juments présentées ne se trouvaient
pas dans les conditions du programme; les unes, en
effet, étaient sans poulains; les autres étaient suivies
de poulains de 18 mois à 2 ans et même plus; enfin,

il y en avait qui se trouvaient accompagnées de jeunes muletons.

Les meilleures juments du concours étaient celles de MM. Rognoni et Poli, ayant obtenu, l'une le premier prix, l'autre le deuxième. Ces juments ont de la taille, de bons membres, de bons aplombs, un bassin bien développé et possèdent les qualités nécessaires à de bonnes poulinières. Elles donneront d'excellents produits. Mais nous ne saurions trop recommander à leurs propriétaires de ne les livrer qu'à des étalons de sang arabe pur, qui, seuls, peuvent communiquer aux métis les qualités de beauté et de distinction qui manquent à la ligne maternelle.

Quant à la jument qui a obtenu le grand prix des haras, je la considère comme une très-bonne bête de service et de travail, ou comme pouvant devenir une fort jolie poulinière. Elle est trapue et forte; bien roulée. Ses membres et ses aplombs sont excellents. Son ensemble plaît de partout. Mais elle manque de distinction; sa croupe est un peu oblique, sa tête trop forte et son encolure n'a pas de lignes assez longues. A propos de cette jument, nous nous permettrons de conseiller à M. Forcioli, qui est un éleveur sérieux, de la faire saillir, s'il ne l'a déjà fait, par un pur sang arabe, et de continuer pendant quelque temps dans cette voie; il obtiendra d'excellents produits qui, plus tard, lui assureront des succès sérieux,

Dans ce rapide exposé nous avons vu quelles étaient les principales défectuosités de la race chevaline corse, et quels bons résultats ont amené les premiers croisements. Sous leur influence la croupe s'est améliorée et

un peu étoffée, la direction des jarrets est devenue
meilleure, enfin l'encolure s'est un peu allongée et a
pris de la distinction; malheureusement un des défauts
les plus graves du sang corse a résisté à cette influence:
la tête est restée grosse. Mais ceci ne doit pas décourager les éleveurs; c'est une affaire de patience et de
grande attention dans les croisements. Le mal leur
étant signalé, nous sommes persuadé qu'ils feront tous
leurs efforts pour le détruire.

Nous le voyons, l'influence du sang a été profonde;
mais s'il a le privilége de modifier les formes, il ne
peut seul donner du volume au corps et grandir les
individus; l'élevage est son complément indispensable;
on peut même dire qu'il joue le principal rôle dans
l'amélioration d'une race. C'est pendant le jeune âge,
au moment où les os croissent en longueur et où tous
les tissus grandissent, qu'il faut donner aux poulains
une bonne alimentation, une alimentation azotée, du
grain, en un mot. Sous cette influence, la charpente
osseuse se développe, les muscles deviennent forts,
résistants, et le corps prend de l'extension en tous
sens, surtout si, pendant la même période de temps,
on a soin d'appliquer aux produits un exercice ou un
travail en rapport avec leurs forces, et de ne pas les
excéder de fatigues comme il arrive souvent ici, où
dès qu'il a atteint l'âge de deux ans on se sert d'un
animal comme s'il était adulte; ces fatigues prématu-
rées ruinent les meilleures organisations, et en outre
elles provoquent sur les articulations des tares qui
diminuent la durée des services des chevaux et en
abaissent la valeur.

Nous sommes loin de souhaiter, avec quelques personnes du pays, voir le cheval corse prendre beaucoup de volume et de taille; si cela se réalisait, le but serait manqué; car alors on aurait des animaux décousus et dont les besoins ne seraient plus en rapport avec les ressources fourragères de l'île, sans compter que le débit en serait impossible. Ce qu'il faut désirer, c'est d'élever de quelques centimètres la taille actuelle de la race, qui est en moyenne de $1^m 40^c$, et de donner aux produits plus d'ampleur dans les formes, afin d'augmenter leur force et leur résistance. On aura alors des chevaux bien roulés, près de terre, forts, robustes, de besoins en rapport avec l'économie du pays, propres à une foule de services et d'un écoulement facile et rémunérateur en dehors de l'île.

Nous ne saurions trop recommander aussi aux éleveurs, quelle que soit la richesse du climat de la Corse, de ne point négliger envers leurs produits quelques soins hygiéniques, par exemple celui de les mettre à l'abri des mauvais temps de l'hiver. Pour cela, il suffirait d'avoir dans les enclos des hangards en planches ouverts de deux côtés, où, au moment des pluies et des neiges, on procurerait aux jeunes animaux un couvert, sans les faire renoncer pour cela à leur vie extérieure, demi-sauvage, à laquelle ils doivent en partie leur résistance et leur énergie.

BONNET-LARGE,
Vétérinaire militaire.

ESPÈCE BOVINE.

—

Au nombre des éléments qui constituent la fortune de la Corse, il faut placer en première ligne les animaux domestiques. L'espèce bovine surtout y donne une source relativement importante de revenus, soit qu'on la considère au point de vue du travail, du lait ou de la viande. Elle est et elle sera, comme dans toutes les régions agricoles, et, en Corse à plus forte raison, de même que dans toutes celles où le système pastoral domine, la condition essentielle non seulement de l'existence, mais encore des progrès de l'agriculture.

Le département de la Corse, qui a 240 kilomètres de long, sur 90 de large et 750 de circonférence, ou une superficie d'environ 875,000 hectares, nourrit bien près de 90,000 têtes de gros bétail, dont plus de 63,000, y compris les élèves, appartiennent à l'espèce bovine.

Un chiffre aussi imposant faisait espérer que les bêtes à cornes seraient brillamment représentées au concours général qui vient de se tenir à Ajaccio.

Un grand nombre de déclarations ont répondu, tout d'abord, aux appels réitérés de l'administration départementale qui, sous la vive et habile impulsion de M. le Préfet, n'avait négligé aucun moyen pour engager les propriétaires à présenter à cette grande exhibition nationale tous leurs sujets d'élite.

Malheureusement il y a eu beaucoup de personnes

qui, tout en pouvant exposer avantageusement des animaux bien conformés, de bons reproducteurs, en un mot, ont reculé devant les dépenses.

Les moyens de communication sont en Corse, comme dans bien des départements, tout-à-fait insuffisants; les distances à parcourir pour venir à Ajaccio des arrondissements de Calvi et de Bastia, surtout, sont très-grandes.

Quoi qu'il en soit,

39 propriétaires sont entrés en lice.

66 animaux ont été exposés.

Savoir :

Taureaux.   15
Vaches pleines ⎰
Vaches suitées ⎱ 28
Bœufs de travail 23

Ces animaux se répartissent ainsi d'après les divisions du programme :

	Races corses pures.	Races étrangères ou croisées.
Taureaux	8	7
Vaches pleines ⎰ Vaches suitées ⎱ . .	17	11
Bœufs de travail . .	17	6

Tout en constatant dès à présent la beauté de ce premier concours et pour le nombre des sujets exposés, et pour leur degré de perfection, qu'il nous soit permis de dire qu'il reste encore beaucoup à faire.

La race bovine de la Corse vient de nous faire voir qu'elle possède des éléments d'amélioration incontestables, et qu'elle ne demande qu'à être transformée, pour pouvoir supporter avantageusement le parallèle avec la plupart de nos races perfectionnées.

Elle a pour caractères génériques,

Chez la vache :

Une tête fine, longue, d'un volume moyen;

Des yeux noirs, vifs, assez saillants;

Des cornes petites, blanches, jaunâtres, quelquefois bleuâtres, noires à l'extrémité, dirigées obliquement et en arrière, recourbées rarement en avant et vers le front;

Un chignon à peu près dégarni de poils;

Un chanfrein droit le plus souvent, terminé par un miroir jaunâtre, quelquefois marbré;

Un cou muni de fort peu de fanon;

Un brisket descendu, assez saillant, se raccordant bien avec la partie postérieure du sternum;

Un garrot moyennement fourni;

Un dos présentant généralement une ligne droite, sans dépression apparente dans les bons types (1);

Des hanches saillantes;

Une queue souvent mal attachée, mais toujours assez fine et terminée par un toupillon moyennement garni;

Un corps assez bien proportionné;

Une peau assez souple, moelleuse plutôt que fine, même chez les sujets d'élite; chez tous les autres, tou-

---

(1) On trouve rarement dans la race corse cette dépression, due à l'écartement des vertèbres, connue vulgairement sous le nom de source du dos, et qui, dans l'opinion de bien des personnes, est un signe de qualité laitière.

jours assez élastique, malgré leur genre de vie, leur existence toujours nomade;

Une poitrine relativement assez ample;

Un coffre relativement aussi assez large;

Des épaules bien prises, bien musclées;

Des mamelles assez arrondies, mais peu développées, à peau fine, assez souple, d'une couleur jaunâtre;

Des trayons moyens, fins et légèrement duvetés;

Un arrière-train serré;

Un périné à peau jaunâtre, onctueuse, présentant chez les femelles la plupart des écussons du système Guenon;

Des membres (1) grêles; mais cependant assez musculeux;

Des onglons recouverts par une corne noire;

Une robe variant un peu de couleur suivant les localités, fauve très-souvent ou bien froment, noire quelquefois, rarement pie, et alors, pie-noir plutôt que pie-rouge;

Un poids commun de 200 à 250 kil. dans la région montagneuse, de 250 à 300 kil. dans la région maritime de la Corse, pour la bête adulte et non engraissée bien entendu;

Une taille moyenne de 1ᵐ 25ᶜ;

Pour la vache de Balagne, elle peut être portée à une moyenne de 1ᵐ 28ᶜ à 1ᵐ 30ᶜ.

(La race corse est généralement moins élevée dans la région montagneuse que dans la partie maritime).

---

(1) La jambe et l'avant-bras principalement.

Le programme avait réuni, dans une seule et même catégorie, les vaches pleines et les vaches à lait.

Les animaux présentés étant nombreux et bien choisis, le jury a pu distribuer tous les prix qui leur avaient été affectés.

Le premier prix de cette catégorie, composé d'une médaille d'or et de 125 fr., a été décerné à M. Pianelli Dominique, d'Olmeto.

M. Pianelli avait exposé un animal d'une très-belle conformation, et remarquable à tous égards. — Cette vache fine, osseuse, présentant des caractères laitiers très-développés, donnerait d'excellents produits, si son propriétaire pouvait l'accoupler avec un bon taureau. Le seul reproche que nous ayons à lui faire, c'est d'avoir les cornes un peu grosses; ce léger défaut est atténué par une tête courte et très-belle.

Le deuxième prix (une médaille d'argent et 100 fr.) a été obtenu par M. le comte Pozzo-di-Borgo. Nous avons trouvé la vache exposée par M. le comte Pozzo-di-Borgo d'une finesse plus grande que celle de M. Pianelli, elle présentait un ensemble plus féminin; mais elle était d'une conformation générale inférieure : remarquable par la tête et l'avant-train, elle péchait par l'arrière-train. Quoi qu'il en soit, cette vache est susceptible de donner d'excellents produits; le taureau de M. Forcioli, dont nous aurons sujet de parler plus tard, plus ample de l'arrière-train que tous ceux que nous avons eu l'occasion de voir, lui conviendrait parfaitement. Il mitigerait un peu le défaut que nous avons signalé tout-à-l'heure.

C'est M. Peri, d'Ajaccio, qui a eu le troisième prix,

formé par une médaille de bronze et 80 fr. La vache de M. Peri, d'une bonne conformation générale, présente plus d'aptitude pour la production de la viande que pour la production du lait. Nous l'avons trouvée bien moins fine que les deux précédentes. Elle est bien proportionnée, elle a une poitrine ample, un arrière-train assez développé et une peau souple plutôt que fine.

Le quatrième prix, composé d'une médaille de bronze et de 60 fr., a été donné à M. Ucciani, d'Ajaccio.

M. Ucciani avait présenté une bête tout aussi jolie que les précédentes, ne s'éloignant des premiers prix que par quelques nuances. — Elle péchait un peu par le dessous; belle du devant, elle laissait à désirer du derrière. Les défauts qu'elle présente disparaîtraient certainement dans sa progéniture si on l'accouplait avec un taureau choisi.

M. Scapula, de Bastelica, a obtenu le cinquième prix (une médaille de bronze et 40 fr.)

Des mentions honorables ont été données à MM. le comte Pozzo-di-Borgo, Emilj et Peraldi.

Le taureau corse, arrivé à l'état adulte, se distingue par :

Un aspect général qui prévient la plupart du temps en sa faveur;

Un corps bien proportionné, cylindrique pour peu que l'animal ait été bien nourri et bien soigné;

Une poitrine suffisamment étoffée, un coffre moyen;

Une tête expressive, se rapprochant des caractères de celle de la femelle;

Un garrot suffisamment fourni, un dos bien sus-
pendu;

Des reins développés, bien attachés généralement;

Une cuisse plate avec une jambe souvent peu mus-
clée;

Un arrière-train serré et pointu;

Un périné à peau douce et quelquefois marqué d'a-
près le système Guenon;

Une queue souvent mal attachée;

Des jarrets coudés suivis presque toujours de membres grêles;

Une peau assez souple, assez élastique, quoiqu'elle
soit peu soignée;

Un poids moyen de 300 kil.;

Une taille moyenne : 1^m 25 à 1^m 28;

Une robe fauve ou froment.

Les taureaux qui ont été amenés au concours étaient
tous en bon état, et nous ont paru être des types
choisis avec intelligence. MM. les propriétaires ne sauraient trop se figurer combien un animal gagne à être
présenté en *chair*, ou tout au moins en bonne voie
d'entretien.

Pour les taureaux de race corse pure, c'est M. Forcioli qui a obtenu le premier prix, composé d'une médaille d'or et 150 fr. M. Forcioli, l'un des propriétaires
d'Ajaccio qui entretiennent le plus de bétail, possède
le taureau le plus remarquable que nous ayons encore
eu l'occasion de voir. Cet animal ne serait déplacé dans
aucun concours; bien nourri et bien soigné, il est bien
proportionné et bien étoffé. Il a une tête belle et très-
expressive, un garrot fourni, un dos parfaitement sus-

pendu, un arrière-train suffisamment ample. Il peut être considéré comme un excellent reproducteur.

Le deuxième prix, composé d'une médaille d'argent et de 125 fr., est échu à M. Peraldi, de Vico.

Le taureau de M. Peraldi est encore, à notre avis, un fort bon reproducteur. Il plaît beaucoup moins dans sa conformation générale que celui de M. Forcioli; il est aussi moins ample dans sa partie postérieure.

Le troisième prix (une médaille de bronze et 100 fr.) a été obtenu par M. Rotilj Forcioli, d'Arbellara.

Le quatrième prix, composé d'une médaille de bronze et de 80 fr., a été donné à M. Rocca, d'Appricciani.

Le cinquième prix (médaille de bronze et 50 fr.) a été accordé à M. Sebastiani, de Porta.

Une mention honorable a été décernée à M. Istria, de Sollacarò.

Le bœuf de travail de race indigène pure présente :
— Dans son aspect général :
Un avant-train relativement bon et bien proportionné;
Un arrière-train serré et pointu;
— Dans ses détails :
Des cuisses plates faiblement musclées;
Une jambe un peu grêle;
Une tête d'un volume moyen, tenant le milieu entre celle de la vache et celle du taureau;
Un cou relativement développé;
Une taille moyenne de 1^m 25 à 1^m 28;
Un poids moyen de 300 kil.

On retrouve dans le bœuf corse la série des caractères que nous avons décrits dans la conformation de la vache et dans celle du taureau.

Il se distingue en outre par une adresse, une force, une énergie qu'on ne croirait pas rencontrer tout d'abord dans une aussi faible masse; qualités qui le rendent précieux dans les divers endroits où on utilise son travail.

Les bœufs présentés au concours étaient en général bien entretenus et susceptibles, à notre avis, de donner un travail assez économique. Tous ces animaux, sans distinction de races, ont concouru ensemble.

Le premier prix de cette catégorie, composé d'une médaille d'or et de 150 fr., a été donné à M. Filippi Antoine, de Venzolasca.

M. Filippi a présenté une fort belle paire de bœufs, que le jury a déclaré être de race étrangère, et provenir probablement de quelque race suisse. Ces animaux, de très-forte stature, bien conformés, d'une force très-grande, ne sauraient convenir dans les régions accidentées de la Corse. Ils ne peuvent être entretenus économiquement que là où la fertilité du sol a créé des ressources étendues, que là où l'on peut mettre à leur disposition une nourriture substantielle et abondante.

Le deuxième prix (une médaille d'argent et 100 fr.) a été obtenu par M. Mondoloni Joseph, d'Olmeto.

Ce propriétaire, soigneux et intelligent, a présenté des animaux remarquables, parfaitement appareillés. Ramassés, trapus, ils conviennent beaucoup dans les régions montagneuses. Ils nous ont paru être de bonne nature et susceptibles d'engraisser facilement.

Le troisième prix a été décerné à M. Chiavoni Paul,
d'Olmeto. Ce prix se composait d'une médaille de
bronze et de 80 fr.

Le quatrième prix (médaille de bronze et 50 fr.) a
été donné à M. Bozzi Michel-Antoine, de Pila-Canale.

Ces messieurs ont présenté des animaux encore fort
bien conformés; mais dont les aptitudes pour le travail
étaient peut-être moins développées que celles de ceux
qui ont été amenés par M. Mondoloni. — Cette partie
du concours était certainement assez belle.

La race bovine de la Corse varie un peu dans sa
taille et ses qualités laitières par de légères nuances.
Dans la région maritime, sa taille est un peu plus
élevée que dans la région montagneuse. Dans les plaines
et dans les vallons ses qualités laitières s'améliorent,
ses formes s'arrondissent et deviennent plus fines. Les
animaux y trouvant une nourriture sensiblement meilleure, plus aqueuse, plus substantielle, s'y développent,
en outre, plus rapidement. Cette observation peut se
vérifier en Balagne et dans le Cap-Corse.

Quoi qu'il en soit, la race indigène est, à notre avis,
en rapport avec les ressources que peut présenter un
climat souvent désolé par des sécheresses intenses, en
rapport avec les ardents rayons d'un soleil presque in-
tertropical; en rapport à peu près (et en l'étudiant
davantage arriverons-nous peut-être à le démontrer)
avec la plupart des conditions économiques du pays.

Nous ne connaissons, quant à nous, rien sur l'origine

11

de la race corse ; elle remonte probablement à une époque très-reculée. Elle nous paraît avoir tous les caractères d'une race ancienne. Elle est homogène, quoique par quelques individus et par des nuances diverses elle s'éloigne un peu du type général. Elle a partout dans l'île des caractères généraux identiques, bien qu'elle puisse varier par sa taille et ses qualités laitières. Ces variations sont dues aux ressources des différents milieux dans lesquels elle vit.

Comme stature, comme pelage, et surtout par quelques-uns de ses défauts les plus saillants, elle a peut-être de l'analogie avec quelques-unes des variétés des bêtes bovines du Bocage.

(La Corse et le Bocage se ressemblent sur quelques-uns de leurs points par leur constitution géologique ; leur aspect est dur, et bien souvent aussi sauvage que les saillies de leurs rochers).

Par sa taille et par sa conformation générale, elle se rapproche encore de la race bretonne. Comme elle, elle pèche par l'arrière-train et par le dessous ; comme elle, elle est bien prise du devant.

La race corse, de même que la race bretonne, est sobre, rustique, vigoureusement trempée ; elle mène un genre de vie à toute autre impossible, si elle ne vient des landes et des bruyères.

Son existence est entièrement nomade, et, telle qu'elle est, elle rend à ses possesseurs des services relativement considérables.

La race corse, toute petite qu'elle soit et toute délaissée qu'on la voit, fournit du travail, un peu de lait et de la viande.

Comme race de travail, elle est appropriée au pays et à son agriculture.

Les progrès seuls la feront disparaître, bientôt espérons-le, au moins dans ces plaines fertiles et magnifiques qui s'étendent sur la côte orientale de l'île, dans la Casinca, où le travail du cheval et du mulet remplacera inévitablement celui du bœuf, où des ressources étendues se créeront rapidement et permettront la production économique du lait et celle de la viande. Partout ailleurs, la race corse sera, pour bien longtemps encore peut-être, l'allié le plus utile de la petite culture, de l'agriculture pauvre. On en trouverait difficilement une autre qui pût la remplacer ; quant à nous, nous n'en connaissons pas une capable de vivre aussi facilement qu'elle dans le milieu où elle se trouve.

Le bœuf corse a une force, une agilité, une adresse qu'on ne lui supposerait pas; il traîne la modeste et primitive charrue du pays dans des endroits où le pas du bouvier a de la peine à le suivre.

Comme race laitière, la vache corse n'a pas grande valeur. Dans l'état actuel, et sous le régime qu'on lui fait suivre le plus habituellement, elle ne donne que peu ou pas de lait; elle n'en a pas de trop pour son nourrisson, si elle en a un.

Elle tarit rapidement.

Mais aussi que doit-on franchement espérer d'elle avec les soins qu'on lui donne?

Où trouver une race qui, abandonnée pour ainsi dire à elle-même sur des pâturages aussi mauvais que ceux des makis, verts à l'automne et au commencement du printemps seulement, arides et sauvages pendant le reste de l'année, qui puisse mieux faire qu'elle?

Où trouver une race qui, exposée continuellement à la chaleur, ne devant rien attendre que d'elle-même, de ses propres instincts, ne connaissant souvent pas ce que c'est qu'une étable, se mariant au hasard, vêlant et allaitant son produit au milieu d'une bande nombreuse la plupart du temps et non moins sauvage qu'elle, n'entendant la voix de l'homme qu'à de rares intervalles, et seulement lorsqu'elle s'est écartée de ses pâturages habituels; où trouver, disons-nous, une race qui puisse mieux faire, mieux réussir?

Elle ne donne pas de lait la plupart du temps, cependant nous avons eu l'occasion de remarquer chez elle de bons types laitiers. Les vaches présentées au concours par MM. Pianelli Dominique, d'Olmeto, le comte Pozzo-di-Borgo, étaient très-remarquables sous ce rapport. Celles de MM. Peri, Ucciani, Scapula, Emilj et Peraldi présentaient aussi des qualités laitières assez développées. Ces messieurs ont fait voir ce que peut devenir la race corse avec quelques soins et un peu de nourriture.

Améliorez petit à petit le milieu dans lequel elle vit, occupez-vous d'elle et vous la verrez sortir comme par enchantement de son état de rabougrissement. Que MM. les propriétaires fassent, s'ils le peuvent, quelques carrés de luzerne et de betteraves dans les endroits irrigables, qu'ils cherchent tous à marcher sur les traces de ceux qui viennent d'obtenir des récompenses si bien méritées, et nous pourrons certainement constater, dans notre prochain concours, des améliorations notables dans l'espèce bovine, au point de vue du lait et de la viande.

La vache corse possède des qualités qu'il suffit seulement de développer pour en obtenir de bons résultats, elle donne toujours un lait butyreux et de bonne qualité.

La vache corse donne à la colonie horticole de St-Antoine autant et quelquefois plus de lait que la vache bretonne; ses élèves sont encore quelquefois meilleurs. Appelé à diriger les cultures de cet établissement, nous suivons attentivement les besoins de l'une et de l'autre race, et nous sommes arrivé à cette conviction que, sur son propre terrain, la vache indigène est préférable à la Brète, si populaire partout qu'elle puisse être, et que l'on regarde, pour ainsi dire, comme le seul type améliorateur que l'on puisse introduire en Corse.

Sous le point de vue de la viande, la race corse laisse encore beaucoup à désirer; elle n'a pas ces lignes étendues, cette ampleur de formes qu'on trouve chez la plupart de nos races améliorées, elle pèche généralement par sa conformation, elle est, nous l'avons déjà dit, serrée et pointue du derrière.

Elle prend cependant assez facilement la viande, s'assimile bien la nourriture qu'elle trouve, et a l'avantage de pouvoir, avec assez de profit, être livrée à la consommation, après un court séjour au printemps sur des pâturages quelquefois médiocres.

Les animaux abattus ne sont généralement qu'en chair; nous ignorons si l'engraissement poussé un peu loin serait avantageux.

Le poids net moyen des animaux abattus ne paraît pas être de plus de 350 kil.;

Le rendement, d'environ 49 à 51 pour 100.

Parmi les animaux que nous avons remarqués sous le point de vue de la production de la viande, nous devons citer en première ligne une jeune vache présentée par M. Peri, d'Ajaccio, un taureau exhibé par M. Forcioli; en seconde ligne les vaches de MM. Pozzo-di-Borgo, Pianelli. Ces animaux, accouplés avec un type aussi satisfaisant que le taureau de M. Forcioli, donneraient de très-bons résultats.

Comme croisement, et au point de vue de la viande, nous recommandons beaucoup le taureau de M. Camilli, d'Urbalacone.

En commençant ce travail nous avons dit que la race bovine de la Corse possédait des éléments d'amélioration incontestables, qu'elle ne demandait qu'à être transformée pour pouvoir supporter avantageusement le parallèle avec la plupart de nos races perfectionnées.

Comment et par quels moyens cette transformation pourrait-elle s'opérer?

Comment tout d'abord peut-on se procurer une race? On peut y arriver par trois moyens différents : par l'importation, par le croisement, par l'amélioration de la race locale par elle-même, en d'autres mots, par la sélection.

D'après les conditions économiques du milieu dans

lequel nous nous trouvons, l'amélioration de la race corse n'est possible, suivant nous, que par la sélection.

Le croisement et surtout l'importation sont des moyens plus expéditifs, peut-être plus faciles, ordinairement plus sûrs dans certaines conditions pour atteindre le but qu'on se propose; mais ce sont toujours des moyens coûteux, et nous les conseillerons moins dans un pays pauvre que partout ailleurs.

Le croisement et l'importation ne peuvent, dans tous les cas, jamais être introduits dans un pays sans quelques progrès préalables dans la culture, sans une culture améliorée, et sans un capital de roulement ou de réserve considérable.

Et encore, le croyons-nous, on n'est pas sûr que le métis et que le type pur pourront s'accommoder des conditions locales, du climat, de la nourriture, des soins, etc., que la race ne dégénérera pas loin des influences sous lesquelles elle s'est formée.

Nous voyons ce qui se passe à Saint-Antoine pour la race bretonne, elle y est depuis peu d'années, et pourtant elle nous paraît avoir dégénéré. Peut-être est-elle encore sous l'empire de l'acclimatation, et faudra-t-il que nous attendions quelques années de plus pour pouvoir nous prononcer.

Si la race bretonne qui est ancienne, pure, bien définie, qui semble se rapprocher de la race indigène, subit si facilement les influences climatériques, nous pensons qu'il serait difficile d'obtenir des résultats certains avec toute autre race plus ou moins améliorée,

et nous n'en recommanderions pas même le croisement avec la race indigène.

Quelques établissements importants et quelques
grands propriétaires de l'île, ont importé dans leurs
cultures, comme bœufs de travail, quelques races italiennes. Quoiqu'on nous dise qu'ils en sont satisfaits,
nous n'osons conseiller ces importations aux moyens
et petits propriétaires, qu'autant qu'ils auront constaté
soigneusement les modifications qu'elles auront subies
dans leur nouveau milieu, et qu'autant, encore, qu'elles
seront faciles et peu onéreuses.

Nous avons vu au concours de beaux spécimens des
races italiennes des environs de Lucques, présentés
par les colonies agricoles de Chiavari et de Casabianda.

Les races italiennes ont en Corse la réputation d'être
molles et peu énergiques; il est probable cependant,
d'après ce que j'ai vu à Chiavari, où les bœufs italiens
rendent autant de travail que les Nantais ou les Salers
dans leur propre pays, que ce dit-on finirait par se
perdre si elles étaient mieux connues.

Quoique nous ne nous élevions pas d'une manière
absolue contre les croisements, et bien que nous sa-
chions que certains ont lieu sur divers points de l'île
et qu'ils puissent y réussir, nous ne les recommande-
rons qu'aux grands propriétaires, et nous ne les conseillerons pas aux moyennes et petites cultures, parce
que rarement on peut les appliquer dans des conditions nécessaires à leur réussite.

Nous ne voyons, dans tous les cas, pour la race corse
qu'un seul type améliorateur, si on le veut bien, c'est

le taureau breton. Ce croisement a plus que tout autre des chances de réussir, parce qu'il existe beaucoup de rapports entre les deux races que l'on met en présence.

L'amélioration de la race corse ne peut avoir lieu, à notre avis, nous l'avons déjà dit, que par la sélection.

L'espèce indigène possède toutes les qualités désirables pour ce genre d'amélioration.

Les types existant (le concours vient de nous le démontrer), il suffit de les rapprocher, de choisir successivement les meilleurs reproducteurs dans les produits obtenus, de les nourrir abondamment, de leur prodiguer quelques soins, pour obtenir une notable amélioration dans la race qui nous occupe.

Les nouveaux sujets, par la puissance de l'hérédité, conserveront les qualités qu'on leur aura ainsi, dès le début, artificiellement transmises, pourront même peu à peu montrer des aptitudes nouvelles qu'il sera facile de développer de plus en plus chez eux.

Nous recommandons la sélection dans tous les pays à culture extensive, où les capitaux agricoles sont peu nombreux, parce que c'est le seul moyen d'amélioration, et le seul, lorsqu'il est conduit avec intelligence, qui ne donne pas de déceptions.

En Corse, nous le recommandons encore, parce que la race est douée de qualités incontestables qui permettront une amélioration prompte et facile, surtout si quelques progrès peuvent s'introduire dans les cultures, si on établit des luzernières, et si on s'adonne à la culture des plantes sarclées. (Ces plantes ne sont possibles que dans les régions intermédiaires et mon-

tagneuses de l'île. Dans la région maritime, elles exigent, pour prospérer, des arrosages copieux et fré-
quents).

Le concours ne possédait que fort peu d'animaux
appartenant à des races étrangères pures ou croisées.
Quelques propriétaires seulement en avaient amené
quelques spécimens déclarés encore, pour la plupart,
comme appartenant à la race corse pure.

Les grands établissements de Chiavari, St-Antoine
et Casabianda étaient, à vrai dire, par la perfection de
leurs produits, les seuls représentants des races étrangères.

Son Exc. M. le Ministre de l'intérieur, tout en dési-
rant qu'ils missent, comme étude, sous les yeux du
public une partie de leurs ressources, n'a pas voulu
qu'ils entrassent en lice avec de simples particuliers
dont les moyens d'action, considérablement moins
étendus, rendaient la lutte par trop inégale, — ils ont
été mis hors de concours.

Le Pénitencier agricole de Chiavari présentait :

1° Deux forts beaux taureaux bretons qui ont fait
l'admiration du public. L'un d'eux surtout est un type
parfait dans sa race, l'autre est un peu moins fin.

2° Une paire de bœufs italiens, bien choisis, et
doués au point de vue du travail d'une conformation
remarquable. (Les bœufs italiens se sont parfaitement
acclimatés à Chiavari, et on y est très-content de leur

travail. Ces animaux nous paraissent jouir, en outre, de l'avantage de pouvoir s'engraisser assez bien).

La colonie horticole de St-Antoine avait exposé :

1° Un taureau breton pur, né à Chiavari, élevé à St-Antoine; fils et frère de ceux dont nous avons parlé un peu plus haut, il a partagé leur faveur auprès du public. Cet animal est fort beau, il a sur son père, quoique son cuir soit peut-être un peu moins fin, l'avantage d'être bien mieux soutenu dans ses lignes médianes;

2° Une vache corse pure âgée d'environ 9 ans, remarquable par sa conformation et par ses qualités laitières. Elle était suivie par un bien joli veau que l'on garde pour taureau;

3° Une génisse bretonne et corse, fille de la vache précédente, très-pure dans ses formes, et, certainement aussi belle dans son genre que les taureaux dont nous venons de parler;

4° Une génisse bretonne pure, remarquable dans son avant-train; mais laissant à désirer un peu dans son arrière-train;

5° Une vache bretonne pure d'une grande finesse ;

6° Une vache corse pure que l'établissement a tirée de la Balagne. Cette bête est remarquable par sa finesse et par son devant, sa tête est courte et jolie, elle pèche du derrière.

Casabianda avait amené :

1° Une paire de bœufs italiens des plaines des environs de Lucques. Ces animaux, très-hauts sur jambes et bien entretenus, nous paraissent inférieurs, non pas peut-être comme travail, mais au moins comme viande, à ceux exposés par le pénitencier agricole de Chiavari ;

2° Un taurillon que nous avons trouvé d'une remarquable conformation pour sa race ;

3° Une vache suitée.

Ces animaux ont fixé les regards des curieux et du public par leur haute stature.

Les prix affectés par le programme à cette catégorie ont été ainsi distribués :

Taureaux de races étrangères pures ou croisées.

Le premier prix, se composant d'une médaille d'or et de 150 fr., a été décerné à M. Camilli, d'Urbalacone. M. Camilli a présenté un animal fort bien conformé et remarquable sous tous les rapports. C'est, à notre avis, le plus bel animal qui ait été présenté par les particuliers. — Il pourrait créer dans le pays de bons élèves auxquels il transmettrait un peu de sa taille et quelques-unes de ses aptitudes à la production de la viande.

Le deuxième prix (une médaille d'argent et 125 fr.), a été obtenu par M. le comte Pozzo-di-Borgo, que nous avons précédemment mentionné pour ses vaches laitières. Nous avons cru reconnaître dans le bel animal qu'il a présenté un peu de sang flamand.

Le troisième prix (une médaille de bronze et 100 fr.), a été donné à M. Peretti, de Casalabriva.

Le taureau de M. Peretti nous a paru beau du devant et laissant à désirer un peu dans son arrière-train.

Une mention honorable a été accordée à M. Istria, de Sollacarò.

Vaches pleines ou à lait.

Le premier prix, composé d'une médaille d'or et de 125 fr., a été décerné à M. Calvi, de Bastia, pour une vache qui nous a semblé être de race suisse. Quoique de belle conformation, cette bête est de trop forte stature pour pouvoir être recommandée autre part que dans les cultures riches et intensives. Partout ailleurs nous préférons de beaucoup les bons types de la race indigène, peut-être plus laitiers et toujours plus faciles à nourrir.

Le deuxième prix, une médaille d'argent et 100 fr., a été obtenu par M. Savelli, de Lumio. Nous avons trouvé la vache de M. Savelli très-belle et très-remarquable au point de vue de l'engraissement. Nous n'avons jamais vu, sur un animal d'aussi petite taille, un devant plus beau et mieux conformé. On peut lui reprocher d'avoir la croupe courte et un peu avalée.

Le troisième prix (médaille de bronze et 80 fr.), a été donné à M. Sebastiani, de Porta, pour une vache, qui, toutefois, sans être aussi belle que les deux précédentes, ne laisse pas que de faire honneur à son propriétaire.

Tous les animaux de cette catégorie, qui ont été exposés, étaient assez jolis et dignes certainement de figurer à un concours.

Le concours général d'Ajaccio vient de montrer les ressources du pays. L'espèce bovine y est apparue

sous son véritable jour, les animaux exposés étaient
généralement beaux et assez bien conformés. Nous
espérons que cette première exhibition aura d'heureux
résultats, que tous les cultivateurs, en marchant sur les
traces des lauréats, chercheront à améliorer et à mieux
entretenir leurs bêtes à cornes. Nous avons confiance
dans l'avenir, dans les efforts qui seront tentés, et nous
attendons avec impatience une nouvelle exposition
pour pouvoir constater de nouveaux et importants
succès.

ARMAND LABURTHE.

ESPÈCES OVINE ET PORCINE.

I. — Espèce ovine.

Les animaux de l'espèce ovine exposés au concours d'Ajaccio, se divisent en trois races distinctes et en croisements. Ces races sont :

La race corse pure;
— mérine;
— barbarine.

Les croisements sont dus au mélange du sang mérinos ou barbarin avec la brebis corse.

L'espèce ovine connue sous le nom de race corse n'a aucune analogie, sous le rapport de la laine, avec les races entretenues sur le continent. Sa toison ressemble plutôt à du poil de chèvre qu'à de la laine ordinaire. — Les animaux sont de très-petite taille et se rapprochent, sous ce rapport, de la race qui vit dans les landes de la Bretagne et de la Gascogne. La couleur dominante est le noir, mais on rencontre cependant beaucoup d'animaux blancs. — Une tête petite, le chanfrein droit, le front large, l'œil grand situé à fleur de tête, doué d'une vivacité extraordinaire, les reins étroits, un garrot pointu, un cou long, des jambes minces en forment les principaux caractères. Le poids des brebis en viande nette est de 6 à 7 kilog. La toison pèse en moyenne 750 grammes. Dans le pays, on s'en sert pour faire des cordes et un drap grossier dont se servent les bergers. Cette petite race ramasse sa nourriture en galopant à travers les makis qui couvrent la plus grande surface de l'île.

En hiver, lorsque l'herbe est rare, et en été, pendant les sécheresses qui durent souvent cinq et six mois, ces animaux se nourrissent de feuilles de bruyère, d'arbousier et de phillaria, essences les plus communes dans les makis de la Corse. Les bergers n'ont pas la prévoyance de ramasser du foin pour subvenir à la nourriture de leurs animaux pendant la mauvaise saison. Ces animaux vivent toujours en plein air. Pendant la nuit, on les parque dans des enceintes fixes entourées avec des branches de makis; les bergers choisissent de préférence les endroits abrités contre les vents. L'inclinaison du parc est toujours assez forte pour faciliter l'écoulement des eaux. La brebis corse est bonne laitière, et c'est sur sa production en ce genre que les bergers ont basé leur principale spéculation. — Voici comment ils opèrent :

Les brebis mettent bas en novembre et décembre. A un mois ou six semaines, les mâles sont livrés à la consommation et rapportent en moyenne 2 fr. 50.

Les femelles soumises à l'élevage ne sont allaitées que jusqu'à la fin de février si la saison est favorable à la pousse de l'herbe, et jusqu'au 15 mars lorsque le temps est moins propice.

A l'âge de trois mois, au moment où la brebis commence à donner du lait en abondance, les élèves sont sevrés. A partir de ce jour, ils sont séparés des mères et paissent isolément avec les béliers qui leur servent de guides et quelques moutons destinés à la consommation. — Il est facile de se rendre compte des souffrances que ces jeunes bêtes supportent pendant le sevrage, surtout lorsque l'année est mauvaise; il faut que la race soit rustique pour y résister comme elle le fait depuis des siècles.

Après le sevrage, la brebis est soumise à la traite matin et soir. On évalue son produit en lait, broccio et laine, à 6 fr. par an. Si nous additionnons les 2 fr. 50, valeur de l'agneau, nous obtenons un produit brut de 8 fr. 50.

La redevance pour le pâturage d'une brebis coûte annuellement 5 fr. La somme de 3 fr. 50 représente le bénéfice et les accidents toujours inévitables dans un troupeau, tels que mort et les cas d'absence de gestation. On comprend que la brebis qui ne fait pas d'agneau ne rapporte rien pendant l'année, tout en chargeant la dépense.

Un publiciste bien connu dans le monde agricole, M. Jacques Valserres, a écrit dans le *Constitutionnel* que la race corse devait céder la place à la race mérine. On se demande comment les mérinos feraient pour trouver leur nourriture dans les terrains accidentés de l'île. Nous considérons cette opinion comme tout à fait impraticable à cause des désastres qui en seraient la suite inévitable. Il suffit de voir paître ces deux races pour s'en convaincre.

J'ajouterai que quel que soit le degré de sang mérinos transmis au croisement, le poids de la viande ne dépasse pas celui du demi-sang lorsque les animaux se trouvent dans les conditions du pays.

Au lieu de changer la race, nous croyons qu'il vau-

12

drait mieux la transformer, sauf à donner à la spéculation un autre but. Au lieu de faire du fromage, on gagnerait davantage en faisant de la viande.

En accouplant le bélier mérinos avec la brebis corse, on obtient un produit de demi-sang qui, tout en conservant les précieuses qualités de la mère, telles que sa vivacité, sa rusticité, prend un peu du poids du père; sa laine est supérieure à celle de la mère.

A un an, le jeune animal allaité pendant six mois, donnera 14 kilog. de viande d'excellente qualité et 1 kil. 500 de laine.

Ces quantités sont doubles de celles produites par la mère. Le montant en argent s'élèvera à 15 fr. 50.

Par le croisement, une brebis corse peut donc rapporter le double à son propriétaire, s'il change sa spéculation.

Les pénitenciers agricoles de Chiavari et de Saint-Antoine, où les expériences sont faites depuis huit ans, peuvent certifier l'exactitude de ces chiffres.

Les croisements sont encore peu répandus dans l'île; il est même probable que les propriétaires qui voudront suivre les deux spéculations, lait et viande, ne parviendront qu'à des résultats négatifs.

Les animaux croisés mérinos-corses, présentés au concours par les particuliers, étaient peu nombreux. Nous avons cependant remarqué quelques béliers dignes d'attirer l'attention. Nous nous permettrons, à cette occasion, de faire observer à MM. les exposants que lorsqu'on présente un animal dans un concours, il faut qu'il soit en bon état. L'animal négligé n'a jamais les chances de celui qui est bien entretenu. L'embonpoint cache souvent et atténue toujours les défauts de conformation.

Le lot de béliers corses présenté par M. Coltelloni de Tolla, a obtenu le premier prix de 80 fr. ainsi qu'une médaille d'or. Ces animaux, de couleur noire, se faisaient remarquer par leur vigueur et la largeur de leurs reins.

Le deuxième prix, de 60 fr. et une médaille d'argent, a été décerné au sieur Morelli, de Bocognano, pour un lot de béliers de couleur noire, tout à fait semblables d'aspect à ceux qui ont obtenu le premier prix; ces animaux, qui ne paraissaient avoir aucune infériorité apparente comparés au premier prix, avaient cependant les reins moins bien soutenus et moins larges que les premiers.

Le titulaire du troisième prix, composé de 40 fr. et d'une médaille de bronze, a été le sieur Lozzi, de Bastelica, pour un lot de béliers noirs.

Le quatrième prix, de 25 fr. et d'une médaille de bronze, a été obtenu par le sieur Frassati, de Bastelica.

Le canton de Bastelica a enlevé, au concours d'Ajaccio, tous les prix dans la classe des brebis corses. Nous devons constater que ce résultat est dû en partie à l'absence d'exposants des autres cantons, qui ont peut-être été effrayés par la réputation des Bastelicacci. Nous avons entendu dire à quelques propriétaires qu'ils s'étaient abstenus dans la crainte, une fois leurs animaux enfermés, de les voir mourir de faim. Nous pouvons constater, ainsi que le public, qu'aucun des animaux amenés à l'exposition n'a eu un aussi triste sort. Il est vrai que beaucoup ont fait des difficultés pour manger pendant les premiers jours, mais ils ont tous fini par s'y résoudre dès que les herbes ont été suspendues dans leur parc au moyen de ficelles. Nous espérons qu'en présence de ce résultat, la concurrence, véritable levier des progrès agricoles, sera plus grande dans le prochain concours.

Une médaille d'or et 60 fr., formant le premier prix, a été obtenue par le sieur Brunelli, de Bastelica, pour son lot de cinq brebis noires. Ces animaux avaient un grand cachet de finesse, et leur conformation était très-bonne pour la race.

Le deuxième prix, une médaille d'argent et 40 fr., a été décerné au sieur Folacci, de Bastelica.

Le troisième prix, une médaille de bronze et 30 fr., est échu au sieur Gasperini, de Bastelica.

Le sieur Brunelli, de Bastelica, déjà nommé, a obtenu une mention honorable.

Les races étrangères étaient représentées par des animaux appartenant aux établissements pénitenciers de la Corse.

Chiavari et Saint-Antoine ont exposé de très-beaux échantillons de la race mérine pure, mâles et femelles, tandis que l'établissement de Casabianda avait mis sous les yeux du public deux béliers barbarins purs.

Nous ne nous étendrons pas sur les croisements mérinos, corses et barbarins-corses, présentés par ces établissements. Nous nous bornerons à constater que les animaux exposés étaient très-remarquables, et que la voie à suivre est aujourd'hui parfaitement tracée. Les pénitenciers agricoles ont été mis hors concours, ce qui a toujours lieu pour les établissements de l'État.

Les particuliers ont présenté quelques animaux provenant du croisement mérinos-corse.

Le sieur Folacci, de Bicchisano, a exhibé un très-beau bélier de trois-quarts de sang mérinos, qui attirait l'attention par la largeur de son garrot, la force de ses reins, la profondeur de sa poitrine, sa courte encolure et la finesse de sa laine. Cet animal bien réussi a obtenu le premier prix, composé d'une médaille d'or et 100 fr.

Le deuxième prix, composé de 80 fr. et une médaille d'argent, a été décerné au sieur Leca, de Valle di Mezzana, pour un bélier demi-sang mérinos très-remarquable par sa conformation générale. Cet animal, doué d'une très-grande force, a toute la vivacité de la race corse, quoique son poids soit au moins deux fois plus considérable que celui des animaux du pays.

Le troisième prix, composé d'une médaille de bronze et 50 fr., a été décerné à M. Forcioli César, de Zigliara, pour un bélier demi-sang mérinos.

Une mention honorable a été accordée à M. Dias, de Cagnano, pour un bélier demi-sang mérinos.

Ces deux derniers animaux, quoique bien réussis, ne présentaient pas l'ampleur des formes du premier et du deuxième prix.

Par l'inspection des brebis, on voit bien vite que le pays ne débute dans la voie des croisements qu'avec la plus grande timidité.

Le premier prix, composé de 80 fr. et d'une médaille d'or, a été décerné au sieur Casanova, de Cagnano, pour un lot de cinq brebis corse-mérinos, bien réussies. Ces bêtes ont de la vigueur, des reins larges et bien soutenus. Le jury n'a pas dû éprouver la moindre difficulté pour faire son choix.

Le deuxième prix, une médaille d'argent et 60 fr., a été obtenu par M. Luciani, d'Ajaccio, pour un lot de trois bêtes.

Le troisième prix, 40 fr. et une médaille de bronze, a été décerné au sieur Tavera, de Valle di Mezzana.

Nous ne terminerons pas ce compte-rendu de l'espèce ovine sans rappeler à MM. les agriculteurs corses que la bonne agriculture est celle qui enrichit le cultivateur, et que la routine, qui est toujours la pierre d'achoppement du progrès, ne peut plus durer avec les pressants besoins des populations, qui ne font que s'accroître avec le développement des facultés intellectuelles. Il faut, sous peine d'être débordés, qu'ils suivent le mouvement progressif qui se fait autour d'eux, et qu'ils tâchent de combler les lacunes qui se produisent, s'ils ne veulent pas voir le marché s'échapper de leurs mains.

L'homme civilisé a plus de besoins que le sauvage, et beaucoup plus de moyens pour les satisfaire. Aujourd'hui l'avenir de la spéculation est à la viande, et nous engageons les hommes intelligents à méditer sur cette question.

II. — Espèce porcine.

L'exposition des porcs présentait une étude assez curieuse au concours d'Ajaccio.

Les races corse, craonaise et new-leicester étaient à l'état pur. Les croisements berkshire-hampshire, corso-craonais, corso-new-leicester, corso-toscan, présentaient des animaux bien supérieurs à la race corse pure.

La race corse se distingue par les caractères suivants : tête longue et effilée, encolure courte, épine dorsale droite et bien soutenue, poitrine manquant de développement, membres fins.

Certains échantillons de cette race, présentés au concours, laissaient beaucoup à désirer sous le rapport de l'embonpoint. D'autres, mieux nourris, faisaient valoir les précieuses qualités de cette race. Il suffirait, pour en faire des animaux d'un grand mérite, de raccourcir un peu la tête et de développer en hauteur les dimensions de la poitrine. L'animal deviendrait bas sur jambes et pourrait rivaliser avec les races perfectionnées. Pour parvenir à cette amélioration désirable, il faudrait soigner la race, la mieux nourrir, et surveiller attentivement l'emploi des reproducteurs. Les habitants se préoccupent fort peu de ces trois conditions, aussi resteront-ils dans le *statu quo* jusqu'à ce qu'ils arrivent à en comprendre l'utilité.

Parmi les animaux exposés, nous en avons rencontré qui avaient la plus grande analogie avec le sanglier du pays. Lorsque les truies, en automne, sont conduites dans les bois de chênes-verts où elles restent deux et trois mois, se nourrissant de glands, il n'est pas étonnant que les sangliers, premiers occupants du lieu, se livrent à leurs sauvages amours avec des animaux plus civilisés de leur espèce. Les produits tiennent beaucoup du père, dont la conformation se rapproche de la race du pays.

Parmi les races étrangères, nous avons remarqué un verrat berkshire-hampshire, exposé par un propriétaire de Corte. Cet animal, âgé de quatre ans, avait une belle conformation. Une truie de même race, appartenant au même propriétaire, complétait cette exhibition. On ne saurait trop encourager dans ce pays l'introduction d'animaux étrangers, à la condition toutefois que les soins seront en rapport avec la taille et la perfection de l'animal. Quelle que soit la race importée, elle ne pourra jamais réussir et donner des bénéfices si elle est traitée comme les animaux du pays, qui vivent comme ils peuvent et se marient souvent à leur guise. Aux agriculteurs peu soigneux nous dirons : Conservez ce que vous avez, et ne songez pas à une amélioration qui ne donnera jamais de profits entre vos mains. Aux agriculteurs progressifs nous tiendrons un tout autre langage : Prenez des animaux améliorés et vous y trouverez une source de bien-être, à la condition, cependant, de ne pas en nourrir deux là où il n'y a de nourriture que pour un seul. Un animal bien nourri vous donnera plus de produit, s'il est de bonne race, que deux qui le seront mal.

Les grandes races qui atteignent un développement considérable doivent toujours être entretenues en raison de leur poids.

Le concours d'Ajaccio nous a permis de constater avec quelle facilité la race craonaise, une des meilleures que possède la mère-patrie, s'acclimate dans l'île, et le beau développement qu'elle y acquiert. Le lard de ces animaux est très-ferme, facile à saler, et par conséquent d'une bonne conservation. La viande est de très-bonne qualité. Ces animaux, quoique prenant bien la graisse, sont cependant inférieurs, sous ce rapport, aux races anglaises, quoique, en général, ils soient préférés par les bouchers de Paris.

Les croisements avec le verrat corse donnent des résultats vraiment remarquables. Nous avons vu deux cochons exposés par le pénitencier agricole de Chiavari, qui ne laissaient rien à désirer au point de vue des formes. Le sang corse diminue la taille sans enlever les précieuses qualités de la viande et du lard de la race craonaise. Le poids brut de ces jeunes bêtes de 17 mois, varie entre 150 et 200 kilog. sans qu'il soit nécessaire de les pousser fortement.

Ces animaux sont doués d'une grande rusticité. — La colonie de Saint-Antoine avait au concours des croisements de cette race parfaitement réussis.

Les porcs anglais de la race new-leicester pure n'étaient représentés au concours que par une truie. Nous avons pu remarquer que ces animaux ne conservent pas la finesse qu'ils ont en Angleterre. La tête est plus longue et les soies plus abondantes. Cette race conviendrait mieux, sous le rapport de la taille, que les Craonais, aux cultivateurs corses qui voudraient se livrer à l'élevage et à l'engraissement des cochons. Ces animaux s'assimilent parfaitement la nourriture qu'on leur donne. Si l'engraissement est bien suivi avec une nourriture choisie et abondante, ils atteignent un grand développement.

Les croisements avec le verrat corse conservent une grande partie des qualités propres aux New-Leicester. Leur précocité diminue un peu, mais on trouve une compensation dans la qualité du lard qui devient plus ferme. Saint-Antoine avait exposé un cochon gras corso-new-leicester, né à Chiavari, très-remarquable par la beauté de ses formes et par son développement extraordinaire.

Des truies et des verrats issus des croisements corso-italiens, corso-craonais, corso-new-leicester, complétaient l'étude intéressante mise, par le premier concours agricole d'Ajaccio, sous les yeux d'un public qui saura sans doute en tirer, dans l'intérêt du pays, tout le parti possible.

Nous faisons connaître que les dispositions prises pour le logement des animaux étaient excellentes, et que rien n'avait été épargné pour éviter les accidents.

Nous avons regretté que les propriétaires n'aient pas songé à exposer des verrats de la race corse, car le jury était parfaitement disposé, dans le but d'encourager la première exhibition de ce genre, à décerner tous les prix, sauf à faire remarquer aux titulaires les défauts ou les qualités de leurs bêtes.

Dans la classe des truies corses, le sieur Coggia, d'Ajaccio, a obtenu le premier prix, médaille d'or et 70 fr., avec une bête de petite taille, suitée de sept cochonneaux en bon état. La truie était basse sur jambes, avec une tête relativement courte et des reins bien développés; les membres postérieurs produiraient d'excellents jambons. Les gorets sont issus du croisement corso-new-leicester. Nous ne désespérons pas d'en voir figurer au prochain concours.

Le sieur Salini, de Tolla, a obtenu le deuxième prix, médaille d'argent et 50 fr. Sa bête avait une grande finesse dans la tête et les membres. La poitrine était bien descendue, et les reins, comme dans toute la race corse, parfaitement soutenus. C'est au sieur Serpaggi, d'Ajaccio, que le troisième prix, médaille de bronze et 30 fr., a été décerné. Sa petite bête est bonne et bien entretenue. MM. Peretti, de Casalabriva, et Guerrini, de Peri, ont obtenu des mentions honorables pour des animaux bien réussis.

Parmi les verrats des races étrangères pures ou croisées, le premier prix, 100 fr. et une médaille d'or, a été décerné à MM. Arrighi et Tedeschi, de Corte, pour un verrat de quatre ans provenant du croisement berkshire-hampshire. Cet animal est très-remarquable, et, livré à l'engraissement après la castration, il est susceptible d'atteindre un poids considérable.

C'est M. Giacobbi, de Lugo-di-Venaco, qui a obtenu le deuxième prix, une médaille d'argent et 80 fr., pour un verrat issu probablement de la race de MM. Arrighi et Tedeschi. Cet animal est très-méchant, sa conformation générale est bonne, mais la tête est très-défectueuse.

M. Ottavi, de Soccia, a obtenu le troisième prix, une médaille de bronze et 60 fr., pour un verrat issu sans doute de la race craonaise, quoique ne possédant pas les longues oreilles pendantes qui sont un des caractères distinctifs de cette belle race. Le verrat est vieux et son rein est déjà affaissé. Il est incontestable que si cet animal avait été plus jeune, il aurait obtenu un meilleur rang.

Dans la classe des truies, ce sont également MM. Arrighi et Tedeschi, déjà nommés, qui ont obtenu le

premier prix, médaille d'or et 80 fr., avec une bête
berkshire-hampshire, dont l'embonpoint laissait à désirer, ce qui s'explique par une portée de gorets qu'elle
avait allaités; ses tétines pouvaient servir à la constatation.

M. Ottavi, de Soccia, déjà nommé, s'est vu décerner
le deuxième prix, une médaille d'argent et 60 fr., pour
une truie craonaise, coiffée comme le verrat ayant
obtenu le troisième prix de sa classe.

M. Marachelli, d'Ucciani, a obtenu le troisième prix,
une médaille de bronze et 50 fr., pour une truie chez
laquelle le jury a crû reconnaître du sang italien. Cette
bête était petite en comparaison des deux autres, mais
sa conformation générale était très-bonne.

MM. Leca, d'Arbori, et Massimi, d'Ajaccio, ont obtenu
des mentions honorables.

Nous ne désespérons pas de rencontrer au prochain
concours d'Ajaccio, une grande amélioration dans cette
branche de l'industrie agricole. L'émulation qui doit
naître de ces luttes pacifiques où le vaincu peut tendre
une main fraternelle au vainqueur, favorisera certainement le mouvement agricole qui se fait aujourd'hui en
Corse. Quand un pays met toutes ses intelligences au
service d'une bonne cause, quelles que soient les difficultés qu'on rencontre en chemin, elle doit finir par
triompher. Nous avons confiance dans l'avenir agricole
de la Corse, qui donnera sans nul doute une entière
satisfaction à nos légitimes espérauces.

P. LEMBEZAT.

HORTICULTURE.

La partie horticole et arboricole de l'Exposition n'é-
tait pas abondante, et l'on devait s'y attendre; les véritables pépiniéristes ne cultivent pas leurs sujets en
pot, et ils n'ont pas eu le temps, dans les délais qui
leur étaient fixés, de mettre des sujets en pot ou en
caisse, et de les avoir en état pour l'Exposition. Ils
devaient donc sacrifier les arbres qu'ils exposaient.
D'un autre côté, les jardiniers fleuristes sont rares dans
un pays où le luxe des fleurs, luxe tout d'intérieur, est
peu développé, et où, par suite même de la douceur
du climat, le jardinier voit lui échapper la source la
plus certaine de revenu qu'il ait dans l'intérieur de la
France, laquelle est de remplacer chaque printemps,
chez les amateurs de fleurs, les sujets enlevés par les
rigueurs de l'hiver.

Par suite des circonstances exceptionnelles du reboisement de la montagne d'Ajaccio, entrepris dans
l'année 1863, l'administration des forêts avait, dans des
caisses, les spécimens de tous les semis qu'elle avait
opérés. Elle a pu exposer ces caisses qui ont attiré
spécialement l'attention de la commission; celle-ci y a
vu représentées les principales essences des forêts de la
Corse, et celles qui ont le plus de chance de réussir dans
la montagne d'Ajaccio, suivant les localités et les expositions qu'on a choisies; ce sont : le pin laricio (*pinus*

laricio, Poir), le pin maritime (*pinus pinaster*, Soland),
le chêne blanc (*quercus pedunculata*, Ehr.), le chêne-
liège (*quercus-suber*, L.), le chêne vert ou yeuse (*quercus ilex*, L.), l'érable de Montpellier (*acer monspessu-
lanum*, L.), le châtaignier (*castanea vulgaris*, Lam.), et
quelques espèces étrangères à l'île, mais qui y sont
cultivées, telles que le pin pignon (*pinus pinea*, L.),
l'érable sycomore (*acer pseudoplatanus*, L.), le catalpa
(*catalpa bignonioïdes*, D. C.), etc. La belle venue des
plants et leur choix font concevoir les meilleures
espérances de l'opération confiée aux soins de l'administration. La commission a regretté de ne pas voir
figurer dans ce choix d'essences forestières, l'olivier
sauvage qui croît spontanément dans la montagne
d'Ajaccio; mais elle sait les difficultés que présente la
germination du noyau d'olive, difficultés telles qu'on
devait l'écarter d'un reboisement opéré sur une grande
échelle et dans des conditions obligées d'économie. La
commission n'a que des éloges à donner à ces semis,
et à M. Virion, sous-inspecteur des forêts, qui en est
particulièrement chargé.

La commission a remarqué également quelques spécimens d'arbres et plantes envoyés par le pénitencier
agricole de Saint-Antoine; ils montrent ce qu'on peut
faire dans ce pays-ci en amendant convenablement les
terres.

M. Leca, de Mezzana, a exposé trois orangers man-
darins de cinq à six ans, propres à être replantés
et à donner immédiatement des fruits. Ces échantillons sont de toute beauté, tant sous le rapport de la
vigueur de végétation, de la netteté de l'écorce, que

sous celui de la direction des rameaux, et sont sans contredit ce qu'il y a de plus beau à l'Exposition comme arbres fruitiers. Malheureusement ils présentent quelques traces de la fumagine ou Morphée, maladie connue dans ses effets, mais non dans ses causes, et qui peut amener la destruction de l'arbre qu'elle attaque depuis plusieurs années. Le *Bon Jardinier, almanach horticole pour 1864*, attribue cette maladie aux pucerons. Tout en appelant l'attention de M. Leca sur ce fait, et sur l'inconvénient qu'il y aurait à reproduire par la greffe les arbres atteints de cette maladie, la commission reconnaît que les sujets présentés sont très-beaux sous tous les autres rapports, et demande pour M. Leca une médaille de bronze.

Elle en demande également une pour M. Levet, jardinier à Ajaccio, qui n'a pas exposé d'aussi magnifiques plants d'orangers, mais en a présenté un grand nombre, cultivés en pot et propres à être mis en place, ainsi qu'une collection assez intéressante de plantes et arbustes d'agrément, parmi lesquels quelques camélias. Par suite du genre de culture auquel sont soumis les orangers de M. Levet, ils n'ont ni la vigueur, ni les longues tiges des orangers de Mezzana; mais ils sont très-sains et propres à reprendre dans tous les terrains, même les moins favorables à la culture de l'oranger. Les plantes d'agrément de M. Levet sont variées et d'un assez beau choix; l'établissement de M. Levet est le seul de son genre à Ajaccio, et l'unique ressource commerciale que les amateurs de fleurs trouvent dans cette ville; M. Levet mérite donc à tous égards les encouragements qu'on demande pour lui. Il serait à désirer qu'il introduisît dans ses cultures les plantes d'agrément qui, par leur origine, conviennent au climat de la Corse, et peuvent y être utiles pour fournir des abris précieux dans les nouvelles cultures et les défrichements. Tels sont les dolichs et les ipomœa ligneux qui supporteraient bien les froids de l'hiver sur le littoral; telles sont aussi surtout les diverses espèces de kennedya, dont les tiges nombreuses et serrées, au feuillage persistant, remplaceraient avantageusement, pour peu qu'on les soutînt par quelques fils de fer galvanisés et des appuis, les haies sèches ou vives qu'on emploie en ce moment pour garantir les plants de cédratiers et même les jeunes vignes des vents violents et froids.

M. Carbuccia, jardinier à Ajaccio, avait exposé quelques plantes d'agrément variées et généralement fort jolies: pelargoniums, crassulacées, etc., mais en nombre fort inférieur à celles de M. Levet, et d'un choix moins complet encore. Il avait aussi introduit, dans son exposition, plusieurs plantes indigènes d'un joli effet, notamment le pancrace d'Illyrie (*pancratium Illyricum*, L.), alors à peu près défleuri, et l'ornithogale d'Arabie (*ornithogalum Arabicum*, L.), qui a été remarqué. La commission a pensé que ces efforts étaient dignes d'éloges, et demande une mention honorable pour M. Carbuccia. Elle doit faire observer toutefois qu'elle a vu là seulement une indication donnée aux amateurs de fleurs de la localité, et non une branche d'industrie qui pût être profitable aux jardiniers fleuristes du département; car toutes les plantes de Corse remarquables par la beauté de leurs fleurs ou de leur feuillage sont déjà introduites dans le jardinage, soit qu'on les ait prises en Corse, soit qu'on les ait prises ailleurs; il n'y a peut-être que la bruyère à fleurs roses du bord des eaux dans l'intérieur de l'île (*erica Corsica*, D. C., *erica stricta*, Gren et God, flore de France), qu'on ne trouve pas mentionnée dans le *Bon Jardinier* pour 1864, et toutes les plantes que mentionne cet ouvrage sont, comme on sait, dans le commerce. Toutes les autres plantes y sont : l'arbousier (*arbutus unedo*, L.), l'*arum crinitum*, W., qu'on trouve aux Sanguinaires et au Niolo, les *cyclamen hederæfolium*, H. K., et *repandum*, Sibth, c'est-à-dire ceux qui fleurissent à l'automne et ceux qui fleurissent au printemps; la bruyère en arbre (*erica arborea*, L.), le myrte, le pancrace d'Illyrie, l'ornithogale d'Arabie, et même le *stachys corsica*, si fréquent dans les lieux boisés et frais de l'intérieur.

M. Louis Guidon, propriétaire et négociant à Ajaccio, a aussi exposé un lot de plantes assez important sous le rapport de la végétation et des tendances d'amélioration; mais ce lot est inférieur aux précédents, et la tentative d'introduction de la vigne de Malaga n'a pas semblé justifiée à la commission. Pour les végétaux améliorés ou modifiés par la nature, la graine ne reproduit pas généralement le type du porte-graines, et il ne suffit pas de semer des pépins de raisin de Malaga pour reproduire cette espèce de vigne. Tant donc que l'expérience n'aura pas décidé, c'est-à-dire tant que la vigne n'aura pas fructifié, on ne pourra pas se prononcer sur la valeur de l'essai de M. Guidon; on peut même dire qu'avant ce moment les apparences sont défavorables, car les rameaux du sujet obtenu sont

13

aussi grêles que ceux de n'importe quelle vigne sauvage des environs.

En dehors des lots énumérés ci-dessus, quelques personnes avaient exposé des plantes locales, telles qu'un pied d'euphorbe épurge (*euphorbia lathyris*, L.), purgatif dangereux qu'on rencontre çà et là dans toute la France. La commission n'a aucune remarque à faire sur ces lots dépourvus d'intérêt.

Ajaccio, le 24 juin 1865.

Le Lieutenant-Colonel du Génie,
DE MARSILLY.

INDUSTRIE.

PREMIÈRE SECTION

Comprenant la métallurgie, la minéralogie, la marbrerie, les granits et roches diverses, les eaux minérales, les salines, les produits pharmaceutiques, la céramique commune, et les collections scientifiques.

Un assez grand nombre d'industries, représentées à l'Exposition départementale, ont témoigné des richesses que le pays possède, et du parti qu'il serait possible d'en tirer. Elles sont encore, il faut l'avouer, à un état assez peu avancé; mais, ainsi que nous l'exposerons tout à l'heure, elles méritent de sérieux encouragements.

MÉTALLURGIE.

La métallurgie ne constitue pas encore une industrie très-développée dans l'île, mais elle ne peut certainement tarder à prendre tout le développement qu'elle mérite par le vaste champ d'explorations variées que lui offre le sol.

De toutes les usines qui fonctionnent en Corse, celle de Toga, succursale de la compagnie Petin et Gaudet, est, sans contredit, la plus importante. Les produits qu'elle avait exposés étaient d'excellente qualité, et se faisaient remarquer par leur arrangement et leur disposition intelligente. Sur l'un des rayons de l'étagère se présentaient d'abord les matières premières employées dans l'usine :

1° Minerais de fer, provenant principalement de l'île d'Elbe, avec un fort appoint de minerai d'Espagne, d'Afrique (Bône), et d'un minerai d'exploitation nouvelle, semblable au minerai d'Afrique, provenant de Sardaigne et appartenant à la compagnie;

2° Charbons de chêne vert, d'arbousier, de myrthe, etc., extraits de tous les points de la Corse;

3° Castine (pierre calcaire), servant de fondant et provenant des environs de Bastia.

Au-dessous, venaient les produits obtenus :

Fontes grises de diverses qualités pour fers et aciers; fonte blanche lamelleuse pour acier; fers de première qualité, au bois, remarquables par leur grande élasticité et pouvant se recourber à froid, ainsi que le prouvaient un certain nombre d'échantillons; enfin, divers ouvrages de fonte moulée.

La supériorité des produits, l'activité qui règne dans l'usine, si bien dirigée par M. Koch, et l'heureuse influence qu'elle a exercée sur la population de Bastia et des environs, ont valu à la compagnie Petin et Gaudet, la médaille d'or de S. M. l'Empereur.

Bien que les produits exposés par MM. Jacquinot et Comp., de la Solenzara, fussent moins nombreux, les minerais, charbons et fontes ne le cédaient en rien, comme qualité, à ceux de l'usine précédente. La production de Solenzara atteint environ 6,000 tonnes, année ordinaire; l'usine ne produit pas de fer.

Les difficultés spéciales et nombreuses dont elle est entourée : arrivage difficile des minerais, insalubrité entraînant la suspension des travaux pendant quatre mois de l'année, obligation de s'occuper du placement de ses produits, ajoutent au mérite de la compagnie, qui a relevé une affaire qui périclitait en d'autres mains, et ont attiré l'attention du jury, qui a décerné à M. Jacquinot la médaille d'or du département.

L'ancienne industrie de la fabrication du fer corse, était représentée par la seule usine de la Porta, dont les produits, de petites dimensions, étaient de bonne qualité. Cette industrie a été obligée, pour se soutenir, de se transformer et de traiter la fonte des précédentes, au lieu de tirer le fer directement des minerais. Elle rend cependant de grands services au pays, et le jury a pensé qu'il convenait de l'encourager, en accordant à M. Vinciguerra (de la Porta) une médaille de bronze.

MINÉRALOGIE.

On parle beaucoup, dans toutes les sphères, des richesses minéralogiques de la Corse, et les nombreux échantillons exposés seraient peut-être de nature à entretenir les idées plus ou moins inexactes qui ont été répandues à cet égard. La richesse minéralogique d'un pays ne se calcule pas d'après le nombre des gisements que l'on a pu y découvrir; il faut encore que le minerai y soit abondant, de bonne qualité, d'une extraction facile, et que le prix de revient n'en soit pas

trop élevé afin de pouvoir trouver un débouché dans
le commerce. Le jury, dans la distribution des récompenses, a dû tenir compte, non-seulement de la manière dont ces conditions étaient remplies, mais encore
des efforts faits par les concessionnaires et les propriétaires de mines. Aussi, et bien qu'aucun exposant
ne lui ait paru mériter de médaille d'or, a-t-il constaté
avec satisfaction que cette partie de l'industrie entrait
dans la voie du progrès, et promettait de réaliser les
espérances que l'on est en droit d'en attendre.

Les mines actuellement concédées en Corse sont au
nombre de 11, réparties ainsi qu'il suit :

Antimoine. — Sur trois mines, deux seulement
étaient représentées à l'Exposition. Celle de Meria,
concédée au sieur Pietri (Antoine), languit depuis plusieurs années; le minerai y est de très-bonne qualité,
et le jury a accordé une médaille de bronze au concessionnaire, afin d'encourager ce dernier, qui paraît
vouloir faire à l'avenir de sérieux efforts. Celle de Luri,
concédée à M. Giuseppi (Félix), est la seule concession
qui ait réalisé des bénéfices en 1864; elle est conduite
avec ordre et intelligence, et a valu à M. Giuseppi une
médaille d'argent.

Il est regrettable que M. Franceschi, concessionnaire
de la mine d'Ersa, n'ait pas cru devoir adresser d'é-
chantillons à l'Exposition, car c'est peut-être la plus
riche des trois mines. Toutes sont d'ailleurs d'une
exploitation facile; elles renferment du minerai de
bonne qualité et ne sont pas très-éloignées de la mer.
Mais ce qui paralyse leur développement, c'est le peu

de débouché de l'antimoine, en France surtout, et le peu de hardiesse des concessionnaires qui ne vont pas en chercher en Angleterre.

Fer. — La seule mine de fer concédée, celle de Farinole, n'était pas représentée à l'Exposition; jusqu'à présent le prix de revient du minerai est trop élevé, et cette circonstance empêche qu'elle soit l'objet d'une exploitation régulière.

Plomb argentifère. — La mine nouvellement concédée à M. Piccioni (Sébastien), de l'Ile Rousse, ne s'est encore révélée que par des travaux de recherches, d'ailleurs bien conduits, et pour lesquels le jury a décerné au concessionnaire une médaille de bronze.

Celle d'Argentella, près d'Orsipero, est depuis un an l'objet d'une reprise de travaux faite sur une grande échelle. Le minerai, pauvre en plomb, contient une forte proportion d'argent; les échantillons exposés étaient très-riches, et montraient le minerai à divers états de préparation. Avec de la prudence et une bonne administration, on peut espérer la réussite de cette nouvelle entreprise. C'est d'ailleurs autant pour récompenser les efforts faits jusqu'aujourd'hui, que pour encourager cette exploitation intéressante, que le jury a accordé une médaille d'argent à la société des mines d'Argentella.

Enfin, une troisième mine de plomb argentifère, celle de Prato, n'était pas représentée à l'Exposition; sa valeur est du reste presque nulle.

Cuivre et plomb. — On a pu remarquer quelques échantillons de minerai de cuivre et plomb, provenant de la concession du Tartagine, accordée à M. de Kervéguen, député au Corps législatif, La situation du principal champ d'exploration est des plus difficiles, et en outre, le minerai, d'une extraction coûteuse, n'offre qu'une richesse médiocre; aussi les travaux sont-ils suspendus depuis plusieurs années,

Cuivre. — Les concessions de mines de cuivre sont au nombre de trois. Celle de Linguizzetta, à M. de Kervéguen, était représentée par quelques échantillons de minerai, d'un abattage coûteux; elle est d'ailleurs fort peu explorée, et les travaux y sont suspendus depuis six ou sept ans.

Celle de Saint-Augustin ou de Castifao, concédée à MM. Imer, Schlœsing et Comp., a été pendant long-temps l'objet d'une exploitation suivie; depuis que l'extraction du minerai devient plus difficile, qu'après avoir retiré de la superficie tout ce qu'elle pouvait donner, il faut maintenant s'enfoncer dans le sol, les travaux en sont suspendus. Ce fait est d'autant plus regrettable, que la concession est très-étendue et probablement très-riche. Elle était représentée à l'Exposition par quelques échantillons envoyés par M. Santelli (Dominique), ancien maître mineur de ces mines, qui a exposé en même temps une collection assez complète de tous les minerais de la Corse, ainsi que deux stalagmites d'assez belles dimensions retirés par lui d'une grotte située sur le territoire de Moltifao.

M. Santelli est un chercheur infatigable; il a consacré une grande partie de sa vie à explorer toutes les vallées de la Corse, où le moindre gîte métallifère pouvait exister, et, s'il n'a pas toujours réussi dans ses recherches, du moins a-t-il puissamment contribué au développement de l'industrie minéralogique dans son pays. Le jury a pensé qu'il convenait d'ajouter une médaille de bronze aux récompenses qu'il avait déjà reçues dans les précédents concours.

Enfin, la concession de Ponte-Leccia, appartenant à MM. Palazzi et Comp., est certainement celle qui a donné les plus beaux indices, et sur laquelle on a le plus de droit de compter pour l'avenir du pays. Il est regrettable qu'un bel échantillon de philipsite, remarqué au dernier concours de Nîmes, ait été égaré, et que, par suite de cette fâcheuse erreur, la concession de Ponte-Leccia n'ait pas été représentée à l'Exposition.

Outre les concessions accordées, un certain nombre de demandes sont en instance, et les demandeurs avaient adressé quelques échantillons. On remarquait entre autres : un fragment de pyrite de cuivre, provenant d'un gisement assez intéressant qui est l'objet de quelques recherches sur le territoire de la commune de Revinda; un échantillon de manganèse oxydé, envoyé par M. Feretti (Sauveur), et provenant des environs de Bastia; quelques fragments de fer micacé de Poggiolo, et un beau spécimen de fer oligiste de la vallée de Chioni, sur lequel on est en droit de fonder de belles espérances. M. l'agent voyer Frasseto avait adressé quelques échantillons d'antimoine et d'arsenic sulfuré, et de fer oxydulé, provenant tous des environs de Vico, mais dont les gisements encore peu connus, ne permettent pas de fixer l'importance.

M. Filippi (Constantin), d'Ajaccio, avait exposé un bel échantillon d'anthracite, provenant du gisement d'Osani situé sur la côte occidentale de l'île. Il y a à Osani un véritable bassin houiller, mais probablement de très-petite étendue; les recherches qui y ont été faites jusqu'à présent sont malheureusement très-incomplètes et très-languissamment effectuées, et pour cette raison il est à craindre qu'elles n'aboutissent pas à une concession.

MARBRERIE.

L'exposition des marbres était certainement digne de fixer l'attention, par la variété de leurs couleurs, et les travaux de toute espèce auxquels on les avait appropriés.

M. Bertolucci, marbrier à Bastia, auquel le jury a décerné la médaille d'or dans cette section, avait adressé une collection assez complète des marbres de la Corse. Outre sa cheminée en marbre blanc de Carrare, qui se faisait remarquer par l'élégance de ses formes et le fini du travail, il avait exposé une autre cheminée en marbre d'Oletta d'un fort bel effet; une colonne de la même matière; un échantillon de marbre fleur de pêcher, remarquable par la douceur de ses tons, un beau marbre Portor, des brèches de Caccia et Castifao, quelques serpentines du Cap-Corse d'un noir foncé, etc. Il avait également poli un petit bloc de diorite orbiculaire, et un autre de ce beau granit de l'Algajola, dont le monolithe attend toujours sur la plage le navire qui viendra le transporter à une place digne de lui. M. Bertolucci a, en ce moment, une commande très-importante de granit de l'Algajola pour l'Italie.

MM. Del Pellegrino, marbrier à Bastia, et Poggioli (Pierre André), de Corte, avaient envoyé divers échantillons de marbres de Corte, assez communs, mais qui sont l'objet d'un commerce assez étendu. La cheminée en serpentine et la crèche en marbre de Carrare de M. Del Pellegrino, et les guéridons en brèches de M. Poggioli, se faisaient remarquer par leur beau poli, et ont valu à chacun de ces exposants une médaille d'argent. Il est à regretter cependant que les belles plaques de marbre cipolin de la Restonica, envoyées par M. Poggioli, et dont les dimensions étaient remarquables, ne fussent pas polies; l'effet qu'elles produisaient aurait été certainement augmenté, et l'on aurait pu admirer la régularité des veines alternativement blanches et grises dont elles étaient formées.

M. Stefani (Pierre), de Corte, avait exposé quelques échantillons réguliers et bien polis de marbres de Serraggio, d'une couleur grise assez commune, mais parmi lesquels on distinguait cependant le marbre fleuri, pour lequel le jury lui a décerné une médaille de bronze.

L'envoi de M. Tomei, avocat à Bastia, est un de ceux qui ont attiré le plus l'attention. Deux magnifiques échantillons de vert de Bevinco ont arrêté les amateurs; un bloc surtout semble indiquer qu'il serait possible

de s'en procurer de belles dimensions, ce qui a toujours été contesté, quoi qu'en disc M. Tomei qui affirme,
de son côté, que les marbres qu'il exploite peuvent
fournir toutes les dimensions et toutes les quantités
désirables.

Les marbres verts de Bevinco avaient, au reste, obtenu à l'exposition universelle de 1855, une médaille
de 1re classe, ce qui est de bonne augure pour M.
Tomei et les nouvelles espèces de marbres verts tigrés
qu'il vient de découvrir et que tout le monde a admirés
à l'exposition d'Ajaccio. Que M. Tomei installe son
exploitation d'une manière régulière, qu'il tire de ses
carrières tout le parti dont elles sont susceptibles, et
nous espérons qu'au prochain concours, il pourra
ajouter d'autres récompenses à la médaille de bronze
que le jury lui a décernée cette année.

Enfin les dalles de Brando qui sont l'objet d'un
commerce très-important avec l'Italie et Marseille,
étaient représentées par de nombreux échantillons, et
entre autres par une roue qu'avait envoyée M. Calvi de
Bastia, et une série de plaques adressées par MM.
Orsini et Ce de Bastia, auxquels le jury a accordé une
médaille de bronze.

GRANITS, PORPHYRES, ROCHES DIVERSES.

Les granits si variés de la Corse avaient leur place
à l'exposition, comme de raison; ils avaient presque
tous été réunis par les soins de la Commission. On y
remarquait : le granit d'Appietto, qui a servi au monument érigé à la famille Impériale à Ajaccio; le gra-

nit porphyroïde de Molendino, d'un très-bel aspect; le granit rouge de Porto; le granit de l'île San Bainzo, intéressant par les ateliers Romains dont on trouve encore des traces; le granit à grenats de Sellola, le granit hébraïque des environs de Sartène; le granit du Scudo, près d'Ajaccio, remarquable par la finesse de son grain, etc.

La diorite orbiculaire de Ste Lucie de Tallano était représentée par plusieurs échantillons, bruts ou polis, de formes très-diverses, et qui justifiaient la réputation dont jouit cette roche, rare dans le monde, au dire des géologues.

Le vert d'Orezza, l'une des plus belles pierres d'ornement de la Corse, si apprécié en Italie, a beaucoup été admiré. Un bloc de belles dimensions y avait été envoyé de Bastia; il est fâcheux que sa dureté en rende le polissage si pénible et si coûteux.

Les échantillons d'eurite globuleux de Girolata, dont la taille est très-difficile en raison de son peu d'homogénéité, les ardoises de San Marcello et du pont du Vecchio, que l'on utilise déjà en quelques points de la Corse, la Syénite ou pierre de deuil d'Olmeto, un fragment de pierre ollaire de Tolla, curieux au point de vue géologique, le calcaire de Bonifacio, de petits blocs de chaux sulfatée (gypse), adressés par M. Poggi (Hyacinthe), de Bastia, et que l'agriculture pourrait utiliser, enfin d'autres roches, moins intéressantes, ont complété cette exhibition minéralogique.

Les richesses minéralogiques dont la nature a doté la Corse sont beaucoup plus nombreuses que celles que nous venons d'énumérer; il aurait été à désirer que les porphyres, par exemple, dont il existe de si belles espèces dans l'île, eussent pu figurer à l'exposition.

Mais le peu de temps qui nous était donné pour réunir tous ces matériaux, la neige qui couvrait alors les montagnes où gisent un certain nombre des roches absentes, et, il faut le dire aussi, le grand nombre de producteurs ou de propriétaires de carrières qui n'ont pas répondu à notre appel, nous ont empêché de faire mieux, ainsi que nous l'aurions désiré; nous en exprimons ici nos plus sincères regrets.

EAUX MINÉRALES.

Lorqu'on entrait au palais de l'Exposition, une élégante vitrine frappait immédiatement les regards; c'était celle qui renfermait une série très-complète de tous les produits que l'on peut obtenir avec les eaux d'Orezza. M. Jéramec, directeur et propriétaire de l'établissement, a su retourner, pour ainsi dire, ces eaux sous toutes les formes; il les a transformées en poudres et pastilles ferrugineuses, il les a renfermées dans des flacons d'un usage commode, et il a prouvé d'une manière brillante et incontestable, leur richesse et les services qu'elles peuvent rendre dans un grand nombre de circonstances. Le jury lui a décerné la médaille d'or de S. M. l'Empereur.

Sauf cette exception, les établissements d'eaux minérales, si nombreux en Corse, ont un peu brillé par leur absence, nous ne savons pourquoi. Plus que personne, les propriétaires de ces eaux sont appelés à profiter de l'avenir. Pourquoi ceux de Pietrapola, de Puzzichello, de Baracci, de Guagno, de Guitera, d'Urbalacone, etc., n'ont-ils pas montré plus d'empressement? Les eaux de Guagno et de Puzzichello ont été, à la vérité, représentées, mais sans éclat, par acquit de conscience, et bien que leur efficacité soit avantageusement établie.

Il est à désirer que des améliorations soient apportées dans ces divers établissements, si l'on veut qu'ils prospèrent; et c'est pour encourager les quelques efforts qui ont été faits dans ce sens jusqu'à présent, que le jury a accordé des médailles de bronze à MM. de la Rocca, directeur des bains de Guagno et Filippini, propriétaire des eaux de Puzzichello.

SALINES.

L'industrie du sel marin n'était représentée que par la seule exposition de M. Roccaserra (Jules), de Portovecchio, qui avait adressé du sel brut et raffiné sous diverses formes. La belle qualité de ces produits, qui pourraient faire en Corse l'objet d'un commerce d'une certaine importance, a valu à M. Roccaserra, une médaille d'argent.

PRODUITS PHARMACEUTIQUES.

Le vinaigre balsamique et les quelques autres produits exposés par M. Mancini (Jean), d'Ajaccio, témoi-

gnent du peu d'importance que l'on attache encore en
Corse à l'industrie des produits chimiques et pharmaceutiques. M. Mancini a voulu donner l'exemple; le
jury l'en a remercié en lui décernant une médaille de
bronze.

CÉRAMIQUE COMMUNE.

Cette branche de l'industrie ne donne que fort peu
de résultats dignes d'être pris en considération. Bien
que la bonne terre à poterie ne soit pas rare en Corse,
les briques et tuiles présentées par quelques exposants, étaient en général de fabrication grossière, d'une
cuisson insuffisante et d'une résistance très-médiocre.
Cependant cette fabrication rend des services dans les
constructions et les couvertures des maisons à peu de
distance des carrières, et à ce point de vue elle mérite
d'être encouragée. Le jury a décerné, dans ce but, une
médaille de bronze à MM. Manghi (Pierre), de Grosseto et Mack (André), d'Ajaccio.

Nous citerons, à titre de curiosité, les deux vases
envoyés par M. Cristofini d'Ajaccio; ils étaient formés
d'un mélange de terre argileuse et d'amiante, et se faisaient remarquer principalement par leur légèreté. En
améliorant cette fabrication, on obtiendra peut-être
des produits utilisables dans le pays.

COLLECTIONS SCIENTIFIQUES.

Quelques collections d'étude, d'une valeur scientifi-
que à peu près nulle, complétaient l'exposition d'his-

toire naturelle. Elles étaient composées de minéraux
en désordre sans indication aucune, ou le plus souvent
portant des indications fausses ; tous les matériaux
en avaient été évidemment ramassés au hasard, et il
est complétement impossible d'en tirer aucun parti. Il
faut en excepter toutefois la collection intéressante,
quoique incomplète, des coquilles de la Corse, recueillies et classées avec méthode par M. Susini (Joachim),
jeune naturaliste d'Ajaccio, auquel le jury a décerné
une médaille d'argent.

Les collections de M. Romagnoli (de Bastia), qui a
obtenu une médaille de bronze, effrayaient par leur
volume, et la quantité n'y suppléait pas toujours à la
qualité ; un triage fait avec soin et intelligence, en
augmenterait certainement la valeur.

CONCLUSION.

La conclusion qui nous paraît résulter de tout ce
qui précède est la suivante : le sol de la Corse renferme de grandes richesses, mais elles ne sont pas encore exploitées convenablement. Or, que faut-il pour
atteindre ce but ? Du travail seulement. Il faut que
chacun y concoure dans la mesure de son intelligence
et de ses forces ; que ceux, auxquels leur instruction
ou leur fortune donne quelque influence, l'utilisent à
créer du travail et à diriger les efforts vers des objets
sérieux ; que chacun s'habitue à ne compter que sur
soi-même, et se pénètre bien intimement de ce pro-
verbe si vrai : Aide-toi, le Ciel t'aidera.

14

Espérons que le prochain concours prouvera que celui qui vient d'avoir lieu aura profité à la Corse, et réalisera le toast porté au banquet de l'Exposition par l'honorable Président du jury, à savoir : Le développement de la Corse par le travail de ses enfants.

E. KOZIOROWICZ,

Ingénieur des ponts et chaussées.

DEUXIÈME SECTION

Comprenant : pâtes alimentaires, minoterie, tissus, tannerie, sellerie; cordonnerie, chapellerie, horlogerie et serrurerie; arquebuserie, tabacs et cigares, savonnerie, conserves et pâtisseries, confiseries et liqueurs, salaisons, boulangerie, brasserie, ébénisterie,
tonnellerie et boissellerie, carrosserie, charronnage, coutellerie,
mécanique, articles de voyage, reliure, travaux en coquillages,
vêtements, corsets, modes, broderies, travaux à l'aiguille et au
crochet, vinaigres, tapisserie, vannerie, ferblanterie, taillanderie,
forge, chaudronnerie, allumettes chimiques, engins de pêche,
coiffure, objets divers, imprimerie.

DIVISION DU SUJET.

Les visiteurs de l'Exposition ont, sans aucun doute,
été frappés du grand nombre et de la diversité des
produits classés dans la portion du palais réservée à
l'industrie.

Le jury, appelé à porter son attention sur tous, a dû
commencer par peser l'importance des industries et
la valeur des produits exposés pour faire la répartition
générale des médailles dont il pouvait disposer.

Les médailles d'or ont été réservées aux quatre industries suivantes : pâtes alimentaires, minoterie, tissus et tannerie, qui ont paru le mieux mériter à la
fois des récompenses et des encouragements.

On va commencer par ces quatre industries, pour
passer ensuite à celles qui ont obtenu des médailles
d'argent, puis à celles qui ne se sont pas élevées au-

dessus de la médaille de bronze, et enfin on terminera par les industries qui n'ont pas été primées.

Pâtes alimentaires. — Les pâtes alimentaires forment, comme chacun sait, une des branches les plus importantes du commerce de l'île, un des articles de consommation les plus usuels.

Il n'y a pas bien longtemps encore, la Corse était pour cet objet tributaire de l'Italie, et envoyait chaque année près de 200,000 fr. à la péninsule. Aujourd'hui elle est affranchie de ce tribut. Bastia, Ajaccio, l'Ile-Rousse, Bonifacio, Olmeto, Volpajola ont donné onze exposants au concours départemental. Tout le monde a remarqué l'exposition de M. Caffarelli (Jean) de Bastia, le roi de cette branche d'industrie en Corse ; le public s'est arrêté devant cette boîte où étaient artistement rangées toutes les variétés de pâtes, depuis la moins fine, destinée à la nourriture du pauvre, jusqu'à la plus parfaite, digne d'être servie sur les tables les plus somptueuses. Le jury a accordé à M. Caffarelli une médaille d'or, croyant moins le récompenser que lui faire justice.

Venaient ensuite d'autres expositions qui, sans égaler en valeur et en importance celle de M. Caffarelli, ont paru dignes d'être récompensées : celles de MM. Pecunia (Joseph) de Bastia, et Dasso (Étienne) d'Ajaccio, qui ont obtenu chacun une médaille d'argent ; et celles de MM. Pecunia (Ambroise) de Bastia et Gasparini (Joseph) de l'Ile-Rousse, à qui ont été accordées des médailles de bronze. Les efforts des autres exposants méritent également d'être encouragés. Il

ne suffit pas de produire les pâtes nécessaires à la
Corse; il faut, pour témoigner du progrès de la fabrication, que les relevés des douanes constatent à l'avenir l'exportation des produits de l'île.

Minoterie. — La minoterie est loin de prospérer en
Corse à l'égal de la fabrication des pâtes. Il n'existe
point dans le département de minotier dans le vrai sens
du mot, achetant du blé pour en faire de la farine et la
vendre. Les moulins se comptent par centaines; mais
ils n'ont le plus souvent qu'une paire de meules, et
ne desservent que, d'une manière insuffisante, des besoins locaux fort restreints. La Corse exporte du blé
et importe des farines. Dans un pays où de nombreux
ruisseaux à forte pente fourniraient au-delà de la
force nécessaire à la mouture, cette situation est anor-
male, il faut songer à la changer. Quelques industriels
intelligents sont entrés dans cette voie et ont monté
des établissements mieux installés que l'ancien moulin
corse; les meules de la Ferté-sous-Jouarre ont péné-
tré dans le pays; les récepteurs hydrauliques, les or-
ganes de transmission se sont améliorés, et en même
temps les farines ont incontestablement gagné. C'est
pour encourager ce mouvement que le jury a décerné
une médaille d'or à M. Rocca Castellani (Jean-Baptiste)
de Calvi, une médaille d'argent à M. Baciocchi (Félix)
d'Ajaccio, et des médailles de bronze à MM. Calvi
(Louis) de Bastia et Ramaroni d'Ajaccio.

La farine de châtaignes devait appeler aussi l'attention, comme base de l'alimentation d'une grande partie de la population. Celle qu'avait exposée M. Vin-

centi (Jean-Martin), maire de Cambia, était remarqua-
blement blanche et bien préparée. Aussi une médaille
de bronze lui a-t-elle été décernée.

Tissus. — Les draps et les toiles indigènes étaient
représentés par trente-cinq exposants. Mais l'on doit
constater que les étoffes et tissus exposés ne répon-
daient pas pleinement à l'attente du jury. Les toiles
étaient généralement grossières, d'une trop grande ir-
régularité et d'une largeur extrêmement faible. Celle
qu'avait exposée Mme Muselli (Isabelle), d'Ocana, se
distinguait entre toutes par sa largeur remarquable-
ment plus grande et par le fini de sa confection : aussi
le jury a-t-il accordé à l'exposante une médaille d'or,
dans l'espoir que cette haute récompense pourrait l'exciter, elle et les autres producteurs de toiles, à chercher les moyens d'améliorer leur fabrication et de ne
plus se contenter de leurs moyens actuels.

L'exposition de toiles de Mme Marie Cadavo, qui
est également d'Ocana, lui a mérité une médaille de
bronze.

Quant aux draps, on devait espérer voir en grande
quantité ces étoffes solides qui donnent des vêtements
durables et à l'épreuve de la pluie, le pelone du berger et du voyageur. Elles sont venues, mais en petit
nombre, et l'on peut remarquer chaque jour sur les é-
paules des passants des étoffes indigènes plus belles
que celles qui ont été présentées à l'exposition. Un
seul fabricant a paru digne d'être récompensé : c'est
M. Manzaggi (Jean), de Bastelica, qui a obtenu une
médaille d'argent.

Tannerie. — La tannerie est certainement au nombre des industries qui sont appelées à se développer en Corse. Elle prospère à Bastia depuis longtemps, elle est en voie de se développer à Ajaccio.

Deux exposants seulement se sont présentés : MM. Lazarotti (Jean-Augustin), de Bastia, et Louault (Théodore), dont la tannerie est aux portes d'Ajaccio. M. Lazarotti arrivait escorté d'une vieille réputation, appuyé sur un chiffre considérable d'affaires pour l'exportation, principalement à l'étranger, et apportant des échantillons variés de sa grande fabrication : cuirs corses, cuirs d'Amérique, peaux de mouton tannées avec leur poil, peaux d'agneaux, peaux de chevreaux : le jury en lui accordant une médaille d'or, a désigné en lui le principal tanneur du département.

M. Louault, établi en Corse depuis 1855 et qui, dès 1856, obtenait au concours départemental de Corte une médaille d'or de première classe, avait envoyé, de son côté, une exposition pleine d'intérêt et reproduisant les principaux traits de celle de M. Lazarotti. M. Louault travaille également pour l'exportation; il écoule ses produits dans le midi de la France, où ils peuvent soutenir avantageusement la concurrence contre ceux de Touraine et où ils reçoivent meilleur accueil que les cuirs de Provence et de Gênes. Le jury a décerné à M. Louault une médaille d'argent.

Sellerie. — La Corse consomme une bonne partie des cuirs qu'elle produit, et elle sait les travailler habilement, témoin l'exposition de la sellerie. S'il y manque encore quelque chose, c'est une étude plus approfondie des formes et un meilleur goût dans l'ornementation : ces perfectionnements s'obtiendront, à coup sûr, par des relàtions plus fréquentes avec les fabricants du continent. Mais dès maintenant M. Appietto (Démétrius), d'Ajaccio, a mérité une médaille d'argent pour l'ensemble de son exposition, et M. St Denis (Rigobert), de Bastia, une médaille de bronze pour ses harnais.

Cordonnerie. — Divers genres de chaussures étaient rangés en bataille au-dessous des cuirs et des selles. Ici encore, si on peut dire d'une manière générale que l'exposition était bonne, depuis le solide brodequin et la guêtre de chasse jusqu'à la bottine finement cambrée appelée à chausser quelque joli pied et à frapper en cadence quelque noble parquet, on ne saurait s'empêcher de désirer une meilleure éducation du goût dans le choix des couleurs et des ornements.

Parmi les exposants, se trouvaient deux maîtres-cordonniers de l'armée, l'un étranger à l'île, appartenant au régiment qui tient garnison à Ajaccio, l'autre, corse d'origine et en ce moment sur le continent, habiles ouvriers tous deux, mais qui n'ont pas paru pouvoir être admis au concours : il s'agissait en effet de récompenser l'industrie locale, d'encourager la production indigène. En conséquence, MM. Ailloud et Poggi ont été écartés, et les médailles ont été décernées, savoir : deux médailles d'argent à MM. Folacci (Silvestre) et Zannetti (Charles), et une médaille de bronze à M. Bozzi (Jean Baptiste), tous trois d'Ajaccio, dont

les chaussures ont paru réunir le mieux la triple
condition de bonne confection, d'élégance et de bon
marché.

Chapellerie. — L'Exposition était moins riche en
chapeaux qu'en chaussures : il est vrai de dire que la
chapellerie tire principalement ses produits du continent et constitue ainsi dans l'île un commerce plutôt
qu'une industrie : aussi le jury a-t-il accordé une médaille d'argent à M. Paravisini (Jean-Baptiste), d'Ajaccio, un véritable fabricant.

Horlogerie et Serrurerie. — Ce qui est vrai pour la
chapellerie en Corse l'est d'une manière plus générale
pour l'horlogerie, qui n'est plus guère aujourd'hui un
objet de fabrication que dans quelques localités spéciales, d'où partent les montres et les horloges qui
marquent l'heure au monde entier. Cependant l'horloge
exposée par M. Martelli, d'Aregno, qui en a déjà cons-
truit pour plusieurs communes du département, témoi-
gne d'un certain mérite de conception et a dû au fini
de son travail d'obtenir une médaille d'argent.

M. Martelli avait exposé aussi une serrure à pistolet,
serrure monumentale, déjà primée au concours de
Corte.

Une médaille de bronze a récompensé le lent et la-
borieux enfantement d'une horloge toute en fer forgé,
y compris les engrenages, présentée par M. Angeli
(Simon), forgeron à Verdese.

Enfin, des médailles de bronze ont été attribuées à
MM. Totti et Danesi, de Bastia, principaux représen-

tants de l'horlogerie en Corse, et à M. Ferrari (Hyacinthe), d'Ajaccio, qui, outre deux serrures, exposait
une romaine et une serpe.

Arquebuserie. — L'arquebuserie n'avait qu'un seul
exposant, M. Cassegrain (Gabriel) d'Ajaccio, dont le
fusil à bascule a obtenu une médaille d'argent et a,
depuis, été l'objet d'un brevet d'invention. Ce fusil se
chargeant par la culasse avec une grande rapidité,
présente sur les autres systèmes connus cet avantage
notable que le soldat peut toujours se servir de sa
bayonnette, même en chargeant, et que, par conséquent, il ne se trouve jamais désarmé.

Tabacs et Cigares. — Tout le monde sait que la Corse, après avoir joui pendant longtemps d'une grande
réputation pour ses tabacs et ses cigares, se trouve
aujourd'hui dans une situation d'infériorité. Cependant
le sol du département est propre à la production d'un
tabac qui l'emporterait facilement sur les tabacs gros-
siers de l'Alsace et sur les produits des ventes faites
dans les manufactures de l'Etat, tabacs et produits
que le commerce livre aux fabricants corses et que
ceux-ci acceptent peut-être avec trop de facilité. Il est
vrai que la faute première est au consommateur, qui
devrait refuser un cigare de mauvaise qualité, à peine sorti de la main qui l'a roulé et souvent mal roulé.
M. Damei, de Bastia, est un de ceux qui réagissent le
plus vivement contre ces tendances fâcheuses. Par
d'heureux mélanges de tabacs Américains avec les tabacs d'Europe, et par une surveillance active exercée

sur ses ateliers, il a su maintenir la renommée des cigares de Corse et livrer à la consommation des produits bien faits, de bonne qualité et n'atteignant pas un prix bien élevé. Son tabac à priser a également été remarqué. Aussi le jury lui a-t-il décerné une médaille d'argent. Des médailles de bronze ont été accordées à MM. Foci (François), Robaglia (Barthélemy) et Aurelli (Nicolas), d'Ajaccio, mais avec le regret que leurs expositions, qui étaient satisfaisantes, ne fussent pas l'expression véritable de leur fabrication ordinaire, dont les variations sont un fléau pour le fumeur.

En même temps, pour encourager la culture du tabac, le jury a donné des médailles de bronze à MM. Vallesi (Jean-Antoine), de Vescovato et Morati (Noël) de Murato.

Quant à l'herbe Corse, présentée par plusieurs cultivateurs, elle n'a pas rencontré de protecteurs parmi les jurés.

Savonnerie. — Nous arrivons à une industrie qui paraît devoir être pour le département une source de richesses, bien qu'elle ne soit représentée que par 4 exposants, venus de Bastia, de Ste Marie Ficaniella, de Propriano et d'Ajaccio; cette industrie est la préparation des savons. Le jury, appréciant la supériorité incontestable de l'exposition de M. Calvi (Louis), de Bastia, lui a décerné une médaille d'argent. Il fait des vœux pour que la fabrication des savons prenne une plus grande extension dans un pays qui possède des oliviers et du sel, qui peut donc faire de l'huile et de la soude, et par suite rivaliser avec Marseille.

Conserves et pâtisseries, confiseries et liqueurs. — Huit
expositions de conserves, sept de pâtisseries, treize de
confiseries, trente-trois de liqueurs, tel est le menu
d'une travée qui n'a pas le moins attiré l'attention. On
a pu se convaincre que dès aujourd'hui la Corse est
en mesure de préparer avec succès des conserves alimentaires, que les cédrats confits, les pralines, les bon-
bons fins qu'elle fabrique ne le cèdent à aucun autre
produit similaire et qu'elle compte plusieurs pâtis-
siers excellents. Quant aux liqueurs, il y a quelques
restrictions à faire. S'il est vrai que M. Bonnet expédie
sa liqueur de myrthe jusqu'à Paris, les essais faits pour
produire des liqueurs d'absinthe, de genièvre, d'arbousier, du punch aux huîtres, etc., paraissent encore à
perfectionner. Cependant on a remarqué l'exposition
variée de M. Sanguinetti, pharmacien à Bastia. En somme, le jury, après un examen approfondi des titres
divers des concurrents, a décerné des médailles d'argent
à MM. Guidon (Louis) et Bonnet (Thomas), d'Ajaccio.
Les pâtés de merles du premier n'ont pas besoin d'é-
loges; les pralines et la liqueur de myrthe du second
sont appréciées de tous les gourmets.

MM. Kwiatoszinski, confiseur, Teisseire (Louis), confiseur, Grimaud, pâtissier et Pugliesi (Antoine), garde
du génie en retraite, d'Ajaccio, Chersia (Alfred), confiseur, et Sanguinetti, pharmacien, de Bastia, ont obtenu
des médailles de bronze.

Salaisons. — A côté des pâtés et des gâteaux, s'éta-
laient quelques jambons, quelques saucissons et quel-

ques-uns de ces excellents *lonzi* dont la préparation
est tout-à-fait indigène. Pour caractériser cette partie
de l'exposition, on ne saurait mieux faire que de trans-
crire le paragraphe suivant dû à la plume de M. Jacques
Valserres :

« En ce qui concerne la boucherie, je place la race
» porcine Corse au 1er rang. Rien n'égale les longes de
» porc fumées, et les petites saucisses que l'on mange à
» Ajaccio. Si cette charcuterie était connue sur le con-
» tinent, on ne pourrait plus en fabriquer assez pour ré-
» pondre à toutes les demandes. Notre saucisson d'Arles,
» qui n'a point de rival en France, n'est pas à compa-
» rer avec le saucisson de Quenza qu'aucune autre de
» ces préparations n'égale. Je suis persuadé que si un
» habile charcutier du continent venait s'établir dans
» l'île, il pourrait exporter ses produits dans toute
» l'Europe. Bientôt la charcuterie de la Corse aurait
» détrôné toutes les autres. » (*Journal de la Corse*,
6 juin 1865). Sans attendre l'arrivée d'un charcutier
du continent, MM. Serra (François) d'Ajaccio, Cristofini, du canton d'Omessa et Mme Santamaria (Marie-
Dominique), d'Ajaccio, avaient envoyé des salaisons
qui ont obtenu des médailles de bronze.

Boulangerie. — Avant de sortir des produits alimentaires, il reste à examiner la boulangerie, qui
comptait neuf exposants. Il est permis d'espérer mieux
de la boulangerie Corse ; les pains présentés étaient en
général inégalement levés, leur blancheur n'était pas
irréprochable, ni leur pâte peut-être suffisamment
travaillée. Aussi le jury n'a-t-il décerné que des mé-

dailles de bronze à MM. Mariani (Jacques) et Ceccaldi
(Dominique), ainsi qu'à Mme Bocognano (Antoinette),
tous trois d'Ajaccio. Mesdames Sorba sœurs, de Bonifacio, ont obtenu, de leur côté, une médaille de bronze
pour leurs *canistroni*.

Brasserie.— Deux brasseries d'Ajaccio, avaient présenté différentes qualités de bière. Pour encourager
la fabrication de cette utile et agréable boisson, le jury
a décerné une médaille de bronze à Mme veuve Brun,
dont les produits ont paru les meilleurs.

Ébénisterie. — S'il est un art ou un métier (l'ébénisterie tient de l'un et de l'autre) qui n'a pas fait
preuve d'un grand développement, c'est certes l'ébénisterie. Il est vrai que les produits en sont souvent
encombrants et d'un transport difficile, en sorte qu'il
n'y a guère que les fabricants d'Ajaccio qui aient pu
sérieusement concourir. Cependant Bastia, Cauro, Sartene, Corte, Arro, Porta, Pino et Polveroso avaient
envoyé quelques objets. On a remarqué en général que
les assemblages manquent encore de délicatesse et les
ajustements, de précision, et que les ornements ne
sont pas toujours d'un choix heureux. Il y a donc à
faire pour progresser; mais le mouvement est donné,
on ne se borne déjà plus à acheter des meubles à Marseille ou ailleurs; la Corse commence à mettre en œuvre elle-même les bois que produit son territoire.
Encore quelques efforts, et aux prochaines expositions
les médailles de bronze décernées à MM. Righetti (Vincent), de Bastia, Peri (Pierre) et Casana (Philomèle),

d'Ajaccio, se transformeront en médailles d'argent ou
d'or.

Tonnellerie et Boissellerie. — Quelques tonneliers,
quelques boisseliers s'étaient présentés au concours.
Puissent leurs métiers prospérer à mesure que s'aug-
mentera le nombre des caves, qui est si faible dans
le département, et le tonneau se substituer de plus
en plus à l'outre, encore trop employée aujourd'hui!
puisse la médaille de bronze accordée à M. Cauro (Félix) d'Ajaccio lui porter bonheur, ainsi qu'à ses con-
frères!

Carrosserie et Charronnage. — La carrosserie et le
charronnage avaient deux expositions principales :
celle de MM. Seiller et Guillemard, d'Ajaccio (une
voiture de maître et une américaine), et celle de M.
Bisez (Joseph) également d'Ajaccio (un break).

L'œuvre de M. Bisez, cotée d'ailleurs à un prix relativement plus élevé, a paru le céder comme perfection de travail à celle de ses concurrents, qui ont obtenu une médaille de bronze.

Armurerie. — Parmi les expositions d'armes blanches, la plus remarquée a été celle de M. Olmeta (François) d'Ajaccio, qui a été récompensé par une médaille
de bronze.

Coutellerie. — M. Olmeta a obtenu une autre médaille
de bronze pour son exposition de coutellerie, comprenant 4 forces à laine et une serpe.

Mécanique. — Les machines présentées étaient en petit nombre, mais d'une grande diversité : il est évident que la mécanique est encore peu avancée en Corse. Quatre ou cinq modèles de moulins témoignent cependant que l'attention est appelée sur ce point des connaissances humaines. Le jury a décerné une médaille de bronze à M. Eugène Santarelli, de Sartène, qui avait exposé un pressoir à raisins, un pressoir à bascule pour olives et un compas ellipsoïdal. Le tour présenté par M. Saladini (Jean), de Bastia, mérite certainement des éloges, et la machine à émonder les châtaignes, de M. Casamarta (François), de Pietrosella, doit être signalée pour sa simplicité.

Articles de voyage.— Parapluies, parasols, cannes et gourdes, tels sont les objets divers que l'on a classés sous le titre : *Articles de voyage.* M. Cuttoli (Antoine) d'Ajaccio, a reçu pour ses gourdes une médaille de bronze.

Reliure. — La solidité et le bon marché des reliures de M. Nobili d'Ajaccio, qui ne manquent pas d'ailleurs d'une certaine élégance, lui ont mérité également une médaille de bronze.

Travaux en coquillages, modèles d'embarcations.—Des récompenses de même nature ont été accordées à M. Ristori (Marius) d'Ajaccio, qui avait envoyé de fort jolis travaux en coquillages, et à M. Agostini de Bastia, auteur de plusieurs modèles d'embarcations.

Vêtements. — L'art de la confection des vêtements n'était représenté que par trois personnes : les principaux tailleurs n'ont pas paru à l'exposition. Aussi n'a-t-il été décerné qu'une médaille de bronze, obtenue par M. Zevaco (Antoine), d'Ajaccio.

Corsets. — Des vêtements d'hommes passant aux vêtements de dames, le jury a accordé une médaille de bronze à Mme Cuneo (Isabelle), d'Ajaccio, qui avait exposé un corset.

Modes. — Puis, ayant rencontré sur son passage deux chapeaux de dames également légers, également gracieux, également de bon goût, il en a témoigné sa satisfaction par des médailles de bronze décernées à la maison Rosi de Bastia, et à Mlle Ottavi (Antoinette), d'Ajaccio.

Broderies, travaux à l'aiguille et au crochet. — Le jury a abordé ensuite, non sans un certain sentiment de frayeur l'exposition variée et brillante des produits que tant de jolies mains blanches avaient envoyés de tous côtés. Comment, en effet, ne pas faire de mécontentes ? et, si on en faisait, comment ne pas trembler? Enfin, après mûr examen, le choix s'est fixé sur les deux établissements du Bon Pasteur de Bastia et de S^t- Joseph d'Ajaccio, qui avaient présenté des ornements d'église, de la dentelle, des broderies, des ouvrages de tapisserie, des bas tricotés et divers objets de couture, sur Sr Ste Euphrasie, de Bastia, qui exposait

15

une aube, un rochet et un mouchoir fort richement
brodés, sur Mlles Stefani (Joséphine), d'Ajaccio, et Acquaviva (Clélie), de Corte, dont l'aiguille ne connaît
pas de difficultés, et sur Mlle Coulinet (Marie-Françoise), qui avait envoyé deux très-jolis couvre-pieds.

*Vinaigres, tapisseries, vannerie, ferblanterie, taillan-
derie, forge, chaudronnerie, allumettes chimiques, engins de pêche, coiffure, objets divers.* — Il ne reste plus
qu'à signaler une série d'expositions auxquelles le
jury n'a pas cru pouvoir attribuer de médailles, bien
qu'elles soient riches de promesses pour l'avenir : ces
expositions sont celles des fabricants d'allumettes chimiques, de vinaigre, d'engins de pêche, des tapissiers,
des vanniers, des ferblantiers, des taillandiers, des
forgerons, des chaudronniers, des coiffeurs, et enfin
d'un certain nombre de personnes dont les produits,
plus ou moins intermédiaires entre l'industrie et les
beaux arts, et toujours d'une faible importance, ont été
classés sous la désignation : *Objets divers.*

Imprimerie. — Le jury n'a pu que regretter l'arrivée tardive à l'exposition, par suite d'une fâcheuse erreur de transports, de l'envoi de M. Fabiani (Jean),
imprimeur à Bastia. Ses douze volumes ont été exami-
nés avec le plus grand intérêt; mais malheureusement
la répartition des récompenses était faite et déjà connue du public. M. Fabiani comptera donc une médaille
de moins : mais en revanche, qu'il accepte ici les féli-
citations du jury.

RÉSUMÉ ET CONCLUSIONS. — Les expositions que l'on vient de parcourir rapidement se résument presque toutes dans deux mots : insuffisance de la production actuelle, mais espoir pour l'avenir. En somme, personne ne contestera que le département, comme industrie, est en retard. Faut-il se décourager pour cela? Non, au contraire, surtout quand une exposition comme celle du mois de Mai est venue montrer au pays ce qu'il sait déjà faire et lui signaler les lacunes qui restent à combler. Pour créer un développement industriel, il faut de longues années et des capitaux. La Corse est entrée dans la voie : dans les lignes précédentes, on a pu trouver la trace de bien des efforts, et déjà de bien de succès; on a pu y voir aussi les points faibles de l'industrie locale.

En terminant, il est bon d'appeler l'attention du département sur un certain nombre d'industries dont la place y paraît naturellement marquée, et auxquelles il serait heureux de pouvoir convertir les capitaux intelligents : la ganterie d'abord, qui emploierait les peaux des agneaux et des chevreaux si nombreux non seulement en Corse, mais encore en Sardaigne, où les fabricants de Marseille, d'Annonay, de Grenoble et même de Paris vont s'approvisionner à grands frais; la verrerie et la faïencerie, dont tous les éléments se trouvent dans le sol du département; la fabrication des essences, qui enrichit Hyères et qui pourrait de même enrichir la Corse. Doter l'île d'une de ces industries, ce serait faire acte de bon citoyen.

Le présent renferme le germe de la vie industrielle

future de la Corse : ses producteurs viennent de se compter, de mesurer leurs forces dans un concours tout de famille, tout intime. Mais il se prépare de grandes assises de l'industrie où sont convoqués les produits du monde entier. Que la Corse se prépare à y tenir son rang! et que l'Exposition départementale de Mai 1865 n'ait été pour elle que l'heureux prélude de l'Exposition universelle de 1867!

V. KRAFFT,

Ingénieur des ponts et chaussées.

Les résultats très-satisfaisants de l'exposition d'Ajaccio ne donnent cependant qu'une idée incomplète de l'avenir commercial, industriel et agricole réservé à ce département. La Corse a été souvent attaquée avec une grande injustice. Pour apprécier sainement l'état moral et matériel d'un pays, il ne faut jamais perdre de vue le point de départ.

Au point de vue moral, le progrès est immense. L'initiative intelligente et énergique du gouvernement impérial a pacifié la Corse. La destruction du banditisme a rendu le calme et la sécurité à des populations avides d'aisance et de bien-être. La régénération du pays a été complète. Les résultats économiques de ces quinze dernières années peuvent seuls donner une idée exacte de l'heureuse transformation qui vient de s'accomplir.

Au point de vue matériel, de grandes améliorations ont été réalisées. La Corse est aujourd'hui sillonnée par un double réseau de routes impériales et forestières dont l'achèvement est poursuivi avec une constante sollicitude.

La loi du 25 mai 1836 avait classé dans ce département 415 kilomètres de routes impériales. La loi du 26 juillet 1839 et les décrets du 3 mai 1854, du 16 juin 1856, du 28 août 1862 ont ajouté cinq routes d'une longueur de 665 kilomètres et porté ainsi à

1,080 kilomètres le développement total des routes impériales de la Corse.

Sur ces 1,080 kilomètres, 890 environ avaient été livrés à la circulation au 1er janvier 1866. A cette époque, il restait à dépenser, pour l'achèvement des routes nouvelles, une somme de 5,280,000 francs, qui s'applique à une longueur de 190 kilomètres. Les travaux d'élargissement, de rectification et l'ouverture de quelques lacunes des anciennes routes exigeraient une dépense de trois millions environ. L'importance des crédits annuels permet d'espérer le prompt achèvement du réseau de nos routes impériales.

Les routes forestières, construites en exécution du décret de 1854 pour faciliter l'exploitation des bois magnifiques qui abondent dans ce département, sont successivement livrées à la circulation. Ce réseau se compose de treize routes d'un développement total de 555 kilomètres. Les routes actuellement ouvertes ont une longueur de 497 kilomètres; elles ont coûté, en y comprenant les frais d'entretien, 6,184,000 francs. Le complet achèvement du réseau des routes forestières classées exigera une dépense de 2,996,000 fr.

La Corse ne compte que cinq routes départementales dont la longueur totale est de 100 kilomètres 800 mètres. Malgré l'insuffisance des crédits, ces routes ont reçu, dans ces dernières années, des améliorations très-notables.

Les chemins vicinaux ont, de leur côté, pris un grand développement. Ces voies de communication, qui sont à la vie industrielle et agricole d'un pays ce que les veines sont au corps humain, avaient été longtemps négligées, faute de ressources. L'emprunt de 1862 et la réorganisation du service vicinal ont produit les meilleurs résultats.

Le retour du calme et de la sécurité et l'ouverture des grandes artères de circulation ont donné une vive impulsion au commerce et à l'industrie.

Le mouvement général du commerce de la Corse, importations et exportations réunies, s'est élevé de 6,873,063 fr. en 1831, à la somme de 44,293,417 fr. en 1864, et présente, dans cette période, une augmentation de 544 pour 0/0.

Si l'on compare les trois dernières périodes quinquennales on arrive aux résultats suivants.

De 1851 à 1855, le mouvement commercial est représenté par 65,487,911 fr. à l'entrée, et 23,781,943 fr. à la sortie, ce qui donne pour cette période quinquennale un total de 89,269,854 fr., soit en moyenne 17,853,970 fr. par an.

De 1856 à 1860, l'ensemble des valeurs s'est élevé à 87,032,448 fr. à l'entrée et à 37,834,547 fr. à la sortie, donnant pour cette seconde période une somme totale de 124,866,995 francs et une moyenne de 24,973,399 fr. par an.

La dernière période 1861-1865 a été plus satisfaisante encore. Le mouvement commercial a atteint 130,771,835 fr. à l'entrée et 58,589,582 fr. à la sortie. Le total général de ces cinq années a donc offert le chiffre considérable de 189,361,417 fr. soit en moyenne 37,872,708 fr. par an.

Les résultats de la période 1861-65 présentent donc une augmentation de 112 p. 0/0 sur la période quinquennale 1851-55 et de plus de 51 p. 0/0 sur la période 1856-1860.

Il convient surtout de faire remarquer que les exportations, qui étaient presque nulles en 1831 et qui, dans la période de 1851-55, n'avaient pas dépassé 23,781,943 fr., ont atteint 58,589,582 fr. en 1861-65. Cette dernière période offre une augmentation de 146 p. 0/0 sur la période 1851-55, tandis que les importations s'étant élevées de 65,487,911 fr. en 1851-55, à 130,771,835 fr, en 1861-65, ont à peine doublé dans la même période.

L'accroissement du mouvement de la navigation a été plus considérable encore. Représenté en 1829 par 1,655 navires jaugeant 36,161 tonneaux (entrées et sorties réunies), ce mouvement a donné, en 1863, 7,550 navires et 478,000 tonneaux. Ce chiffre comprend, comme celui de 1829, le cabotage entre les divers ports de l'île.

Le mouvement avec la métropole et avec l'étranger s'est élevé (à l'entrée seulement) à 387,231 tonneaux pendant la période 1851-55, à 636,617 tonneaux en 1856-60 et à 824,812 tonneaux en 1861-65.

Ces résultats exceptionnels donnent la preuve que les forces productives de la Corse se développent chaque jour. Les progrès sont rapides et constants; ils sont de nature à inspirer la plus grande confiance pour l'avenir. Les exploitations forestières ont pris un grand essor; des industries puissantes se sont implantées dans l'île et ont acquis un haut degré de prospérité. Les tanneries, les fabriques de pâtes, les usines de Toga et de Solenzara augmentent chaque année leur fabrication. De son côté, l'agriculture, cette source féconde de richesses, préoccupe les meilleurs esprits et commence enfin à disposer des deux éléments qui lui avaient fait défaut jusqu'à ce jour, les bras et les capitaux. L'exposition d'Ajaccio a mis en relief les améliorations réalisées et les résultats obtenus. Les efforts persévérants du gouvernement de l'Empereur pour assurer la régénération morale et matérielle de la Corse ont donc été couronnés de succès. L'impulsion est donnée; un prochain avenir fera mieux encore reconnaître que l'entreprise d'améliorer ce département a été, à la fois, un acte de justice et une œuvre éminemment nationale.

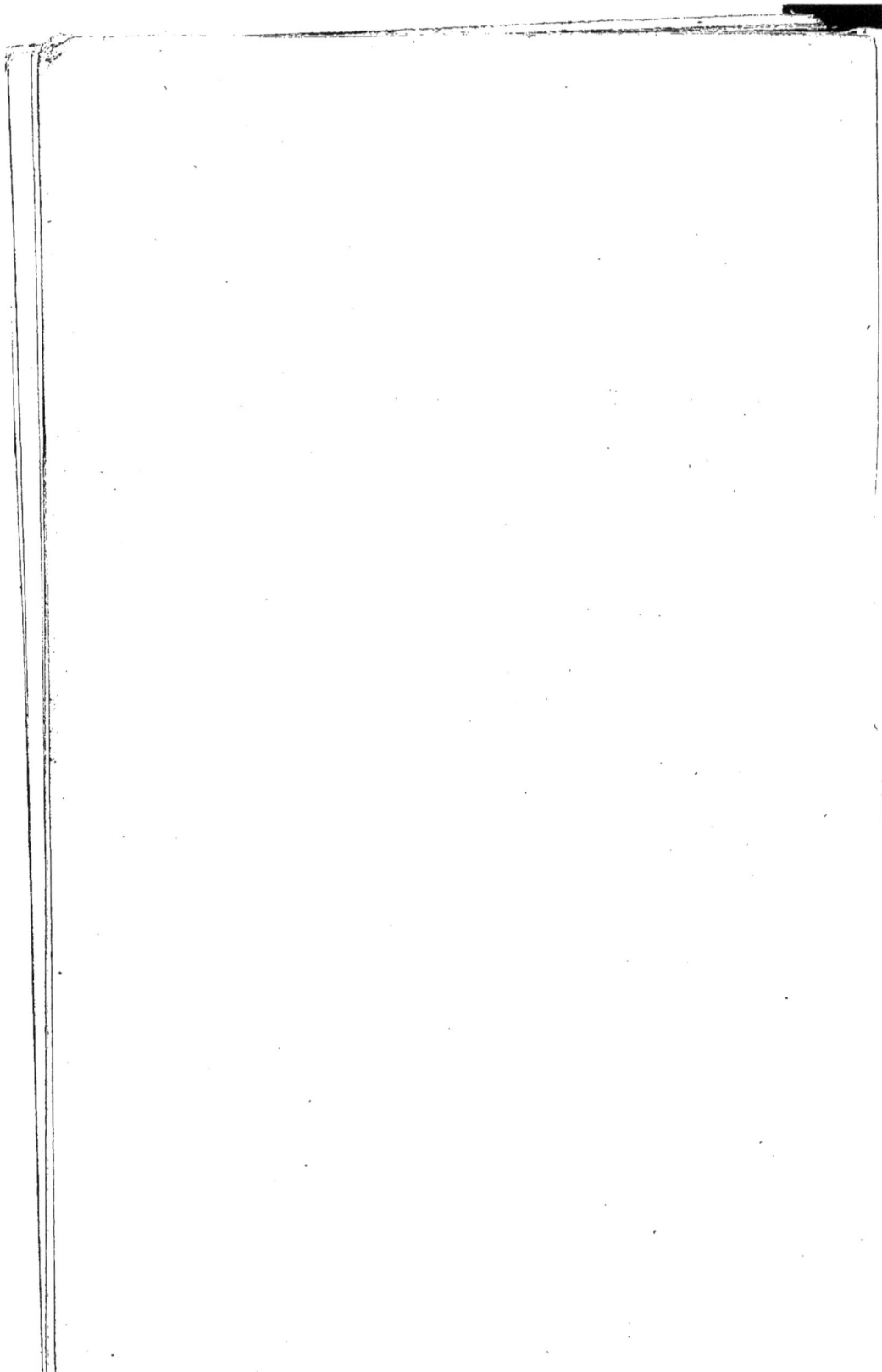

DÉNOMBREMENT DES PRODUITS EXPOSÉS.

ESPÈCE CHEVALINE.

Etalons.	12
Poulains et Pouliches.	91
Juments suitées.	61
	164

ESPÈCE BOVINE.

Races Corses pures.

Taureaux.	27
Vaches pleines ou à lait.	33

Races étrangères pures ou croisées.

Taureaux.	4
Vaches pleines ou à lait.	7
	71

ESPÈCE OVINE,

Races Corses pures.

Béliers	43
Brebis	33

Races étrangères et croisements divers.

Béliers	23
Brebis	17
	116

ESPÈCE PORCINE.

Races Corses pures.

Verrats.	5
Truies	17

Races étrangères pures ou croisées.

Truies . . . , ...	8
	30

BŒUFS DE TRAVAIL.

Corses ou étrangers, purs ou croisés.	23

Volailles	25

MACHINES ET INSTRUMENTS AGRICOLES.

Machines à battre.	3
Tarares	2
Cribles et Trieurs.	1
Charrues	12
Herses	6
Buttoirs.	2
Houes à cheval	1
Extirpateurs et scarificateurs	1
Rouleaux à dépiquer et à émotter	2
Coupe-racine	1
	31

PRODUITS DIVERS.

Vins de commerce 263
Vins fins et de liqueur. 107
Huiles 208
Soie filée ou en cocons. 18
Céréales 62
Fourrages artificiels 10
Racines. 2
Légumes secs. 29
Châtaignes conservées. 21
Oranges 15
Cédrats. 3
Citrons. 22
Liéges 11
Bois de construction et autres 8
Résine et goudron. 2
Miel et Cire 29
Fromages frais ou secs 48
Fruits secs 94
Culture maraîchère 22

CATÉGORIES ADDITIONNELLES.

Mulets 45
Chiens 7
Divers animaux, non compris dans le Programme 23
Tabacs et cigares, savons, briques, tuiles etc. 90
Menuiserie, Ebénisterie, Tonnellerie etc. . . . 29
Coutellerie, serrurerie, armes, petits ustensiles
en métal, horlogerie 37
Eaux minérales. 6

TABLE.

www.ingramcontent.com/pod-product-compliance
Lightning Source LLC
Chambersburg PA
CBHW071641200326
41519CB00012BA/2365